激光诱导击穿光谱技术
在煤炭工业中的应用

闫春华　著

中国石化出版社
·北京·

图书在版编目(CIP)数据

激光诱导击穿光谱技术在煤炭工业中的应用/闫春华著. —北京:中国石化出版社, 2023.8
ISBN 978-7-5114-7234-2

Ⅰ.①激… Ⅱ.①闫… Ⅲ.①激光光谱法-应用-煤炭工业 Ⅳ.①TD

中国国家版本馆 CIP 数据核字(2023)第 165595 号

中国石化出版社出版发行
地址:北京市东城区安定门外大街 58 号
邮编:100011 电话:(010)57512500
发行部电话:(010)57512575
http://www.sinopec-press.com
E-mail:press@sinopec.com
北京艾普海德印刷有限公司印刷
全国各地新华书店经销
*
710 毫米×1000 毫米 16 开本 7.5 印张 152 千字
2023 年 11 月第 1 版 2023 年 11 月第 1 次印刷
定价:68.00 元

前　　言

煤炭作为世界上主要的化石能源，自18世纪60年代第一次工业革命以来，一直推动着工业及其他行业的飞速发展。但随着煤炭的大量消耗，环境污染和能源浪费成为煤炭工业必须面临的问题。通过煤质分析，可以深入了解煤炭的组成和使用性质，从而有助于提高煤炭转化效率，减少污染排放，并可为煤炭转化利用开辟新途径。激光诱导击穿光谱技术作为一种原子发射光谱技术，具有快速、多元素同时分析，无须复杂样品预处理，无损分析以及原位分析等优点。将其与化学计量学方法结合，已成为一种有前景的煤质分析方法。由此可见，一本关于激光诱导击穿光谱技术在煤炭工业应用方面的专著对于从事或即将从事该领域研究、生产的科研工作者具有一定的借鉴意义。

本书内容主要是激光诱导击穿光谱技术在煤质分析中的应用，共分为五章：第一章简述了激光诱导击穿光谱技术的原理、发展历程与趋势，介绍了化学计量学的起源与发展以及化学计量学方法在激光诱导击穿光谱技术中的应用。第二章介绍了激光诱导击穿光谱技术在煤炭元素分析中的应用。第三章介绍了激光诱导击穿光谱技术在煤炭灰分、挥发分和热值分析中的应用。第四章介绍了激光诱导击穿光谱技术结合混合变量选择策略在煤炭热值分析中的应用。第五章介绍了光谱融合技术在煤质分析中的应用。本书各章末都列出了参考文献，可供读者对该领域的研究作延伸阅读。

本书获西安石油大学优秀学术著作出版基金资助，研究内容得到了国家自科学基金项目（22173071，22303066）、陕西省自然科学基础研究计划资助项目（2023－JC－QN－0169）和陕西省教育厅科研计划项目（22JP064）的支持。

由于著者学识有限，书中疏漏之处在所难免，恳请读者批评指正。

目　　录

1 绪 论

引言

能源是经济可持续发展的最基本驱动力，也是人类赖以生存的重要物质基础。现在世界的主要能源除煤、石油、天然气等化石能源，水能和核能外，还包括风能、太阳能、地热能、海洋能、生物质能和地质矿物能源。但纵观近代工业社会发展史，人类文明的动力主要源于煤炭和石油等化石能源。作为人类生存和发展的重要基础物质，煤炭、石油、天然气等化石能源推动了近200年来全球社会经济的高速发展。

煤炭作为世界上主要的化石能源，自18世纪60年代第一次工业革命以来，一直推动着工业以及其他行业的飞速发展。据英国石油公司(BP)发布的《世界能源统计年鉴2022》显示，2021年，全球煤炭产量为81.73×10^8t，比上年增长6.0%；全球煤炭消费量为160.1EJ，比上年增长6.3%，是2014年以来的最高增幅。煤炭在我国能源消费结构中也一直处于主导地位，推动着我国经济建设和城市化进程的快速发展。2021年，我国煤炭产量为41.26×10^8t，同比增长6.0%；我国煤炭消费量为86.17EJ，同比增长4.9%。但煤炭为我国国民经济和现代化建设作出重要贡献的同时也带来了两个严峻问题：能源效率问题和环境污染问题。前者是指从煤炭开采到终端利用的能源系统总效率十分低，导致煤炭资源的严重浪费；后者则是指煤炭的大量燃烧带来了严重的大气污染、温室效应等一系列环境问题。数据显示，我国燃煤产生的二氧化硫排放量占全国总排放量的74%，二氧化碳排放量占总排放量的85%。

然而，我国能源结构决定了在今后一个较长时期内，煤炭作为我国主体能源的地位和作用不会发生重大改变。据统计，我国煤炭需求曾在2013年达到峰值，达42.4×10^8t。2014~2016年，煤炭消费量连续3年下降。2017~2018年，我国煤炭消费量又恢复增长，2017 年同比增长 0.7%，2018 年增长 2.5%。因此，要降低煤炭工业面临的压力，使煤炭在新世纪能源市场中站稳脚跟，必须在减少煤炭污染和提高利用效率上狠下功夫。基于现代煤炭清洁利用技术将煤转化为清洁煤基能源材料，对实现煤等化石能源的清洁高效利用具有重要意义。而如何实现煤炭转化过程中的高效率和低排放是煤基能源材料发展面临的一个主要问题。通过煤质分析，可以深入了解煤炭的组成和使用性质，从而有助于提高煤炭转化效率，减少污染排放，并可为煤炭转化利用开辟新途径。

煤质分析，不仅包括元素分析，还包括工业分析和热值分析。元素分析主要包括煤中碳、氢、氧、氮和硫等元素测定。工业分析，主要包括煤炭水分、灰分、挥发分和固定碳测定。一般，传统化学分析法便可以完成这些指标的准确测定。但是传统方法一般采用离线分析，从采样、制样到检验结果的报出一般需要几个小时甚至更长的时间，其工序十分烦琐且耗时长，无法满足工业现场快速分析的需求，且在一定程度上造成了资源严重浪费。目前，一些检测方法如 X 射线技术、微波技术、双能 γ 射线衰减技术和快速 γ 中子活化分析技术等均已成功应用于煤炭工业在线检测。但这些技术在使用过程中仍然存在很多问题，如仪器比较昂贵且在使用过程中需要较高的运行维护费用、一种技术只能用于一种指标的检测以及使用过程中会产生辐射污染等。因此，发展一种价格低廉、能同时检测多种分析指标、精确性和准确性较高以及无核辐射污染的技术在煤炭工业具有极大的市场需求和价值。

1.1 激光诱导击穿光谱技术

1.1.1 激光诱导击穿光谱技术简介

激光诱导击穿光谱(Laser Induced Breakdown Spectroscopy，LIBS)作为一种新兴的原子发射光谱技术，可用于定性和定量描述样品中物质的组成以及其所包含元素的含量信息。激光诱导击穿光谱技术的仪器装置如图 1-1 所示，主要由激光器、光路系统、光谱仪以及检测器组成。在实验过程中，激光器发射功率密度 >1GW/cm^{2}的脉冲激光，并经平凸透镜聚焦在目标样品表面。在激光作用下，样品表面会有少量物质被剥离，同时产生亮度很高但寿命很短的高温等离子体，瞬间温度可达 10000K。在高温等离子体中，被激光剥离的物质离解成激发态的原子和离子，而在激光等离子体冷却过程中，这些处于激发态的原子和离子从高能态跃迁到低能态，并发射出具有特定波长的光辐射。然后通过一根光纤把辐射光耦合到一台高灵敏度的光谱仪进行解析，就可以得到样品的光谱信息。而通过谱线的识别和谱峰强度的测量便可给出样品的定性和定量信息。

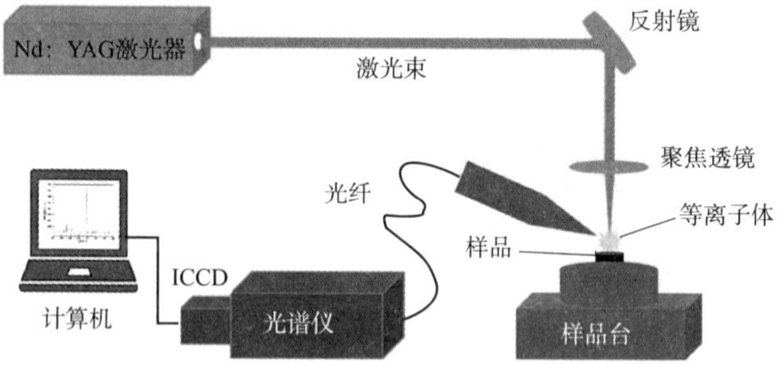

图 1－1 激光诱导击穿光谱技术装置图

与其他分析方法相比，LIBS 技术具有以下优势。

（1）无损或微损分析。在 LIBS 技术测量过程中，由于入射到样品上的平均功率较小，激光对样品产生的损害几乎可以忽略不计，通常样品表面烧蚀坑的直径只有几到几百 mm。

（2）无须复杂样品预处理。LIBS 技术可以对样品进行直接的分析，而不需要对其进行复杂的预处理。

（3）远程探测。LIBS 技术作为一个全光学的分析手段，在测试过程中只需使用激光接触被测样品便可完成分析。尤其是随着光纤传感技术及远距离辐射光接收技术的快速发展，使得 LIBS 技术只需使用一根光纤即可完成对高温、恶劣环境下样品的非接触分析。

（4）分层结构和表面涂层的深度轮廓分析。通过控制激光能量能够可控地对材料的分层结构进行分析。

1.1.2 激光诱导击穿光谱技术发展历程与趋势

自从 1960 年第一台红宝石激光器发明之后，激光的高能量、高单色性、高指向性便引起了广泛关注。1962 年，Brech 和 Cross 利用激光产生等离子体并进行金属与非金属材料分析，标志着激光烧蚀分析技术的诞生。但在当时该技术并没有得到快速的发展与应用。直到 20 世纪 80 年代，美国 Los Alamos 国家实验室首次使用该技术实现了物质元素信息的测量，并将其正式命名为 LIBS。随后，LIBS 技术以其简单快速、无须复杂样品预处理，无损或微损分析，原位远程分析以及便携式等优势成为增长速度最快的光谱分析技术之一，并已成功应用于太空探测、环境保护、生物医学、科技考古和工业诊断等多个关键领域。图 1－2 显示了近 28 年与有关 LIBS 的出版物数量（数据来自 Web of Science）。从图 1－2 可以看出，从 2000 年之后，文章数量总体呈上升趋势，到 2018 年，每年以 LIBS 为主题发表的文章数量已达到 700 多篇。虽然 2021 年和 2022 年出版数量稍有下降，但仍然维持在 700 篇以上。近几年，LIBS 技术也取得了诸多令人瞩目的成就，特别是在太空探测领域。例如，2012 年 8 月成功登陆火星的“好奇号”火星车便采用了 LIBS 技术，并于 2014 年成功完成了探测任务。另外，美国国家航空航天局（National Aeronautics and Space Administration，NASA）的喷气推进实验室研发的“好奇号”火星探测器的下一代“毅力号”拥有一个全新的、增强版的“超级相机”，而在超级相机的中心便装有一台 LIBS 仪器，该仪器可通过激光束将岩石和土壤样品激发进而实现其化学组分分析。我国火星探测器“天问一号”也于 2020 年发射，其“祝融号”火星车于2021 年5 月15 日成功实现火星着陆。“祝融号”火星车同样搭载 LIBS 仪器，可对火星物质成分进行原位测量分析。

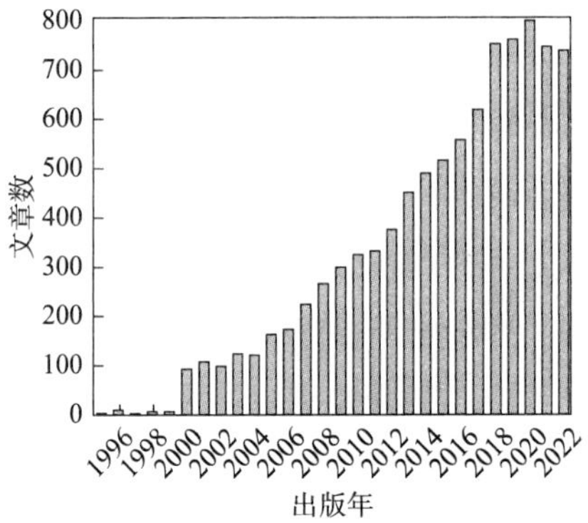

图 1－2　1995—2022 年每年以 LIBS 为主题发表文章数量

在 LIBS 学术交流方面，有每两年举行一次的国际 LIBS 学术会议，自 2000 年意大利比萨的首届 LIBS 学术会议以来，已成功举办十届。其中第八届国际 LIBS 学术会议在中国北京举行，这也是首次在亚洲召开的 LIBS 国际会议。随后，我国相继成功举办了激光光谱分析前沿技术国际研讨会（中国成都，2014）和首届亚洲 LIBS 研讨会（中国武汉，2015），成为亚洲 LIBS 技术发展过程中的重大里程碑事件。我国 LIBS 技术在 2008 年以后就掀起了基础与应用研究的热潮，并于 2011 年在青岛由中国海洋大学举办了首届中国 LIBS 会议，至今已经成功举办九届。参会人数也在不断攀升，在很大程度上促进了中国 LIBS 技术的研究、交流和发展。

过去的20多年，国内外的LIBS研究工作既包括激光与物质的相互作用机理、等离子体形貌分析、不同物质时间分辨与解析、LIBS等离子体温度及电子数密度的估算等基础研究，也包括如仪器装置、数据处理方法及应用等方面的研究。目前，LIBS技术的发展正呈现突飞猛进的势头。从LIBS技术自身存在的问题以及对LIBS技术的需求看，其研究热点和发展方向主要集中于两个方面：一方面是LIBS分析性能提升研究，主要包括分析灵敏度、准确度、选择性和稳定性的提升；另一方面则是LIBS仪器研发，即充分利用LIBS技术快速、无须复杂样品预处理，远程分析等优势实现仪器的便携化、智能化和自动化，进而满足现场分析的需求。

1.1.2.1 LIBS技术分析性能提升研究

尽管LIBS技术相比于其他原子光谱技术具有非常多的优势，但在某些方面还不能与成熟的原子分析光谱法如电感耦合等离子体原子发射光谱相媲美，特别是在灵敏度(检测限)和重复性(精度)方面。因此，如何提升LIBS技术的分析性能引起了研究人员的广泛关注。过去几年，多种用于提高LIBS分析性能的技术如双脉冲和多脉冲LIBS、空间约束和磁约束LIBS、微波辅助LIBS、共振激发LIBS和表面增强LIBS技术得以开发并取得了显著成果。

1)双脉冲和多脉冲LIBS(Double - pulse and multi - pulse LIBS, DP - LIBS and MP - LIBS)技术

DP - LIBS技术是一种被广泛应用于提高传统LIBS灵敏度和准确性的技术，通过使用两束具有一定时间延迟的激光代替单脉冲LIBS中的一束激光进行分析，其中第一束激光用于剥离样品产生等离子体，第二束激光用于对等离子体进行再次激发。额外的激光脉冲会降低等离子体的最大能量，延长等离子体的寿命，在一定程度上避免了等离子体的屏蔽效应。此外，由于最大激光能量的降低，可能会降低反弹和碰撞过程的强度，从而产生更稳定的等离子体形态。1970年，Piepmeier和Scott等首次提出使用两个空间对准且时间同步的激光脉冲产生LIBS信号，即双脉冲LIBS技术。但是由于当时技术的限制，直到大约20世纪90年代末才得到实际应用。如今，DP - LIBS技术已成为一种被广泛接受和使用的仪器方法，其应用包括合金、陶瓷、无机和有机材料、液体(水溶液和水下样品)和气溶胶等。Nicolodelli等用DP - LIBS和单脉冲LIBS技术对多种有机肥料中的

常量营养元素(钙、镁、钾和磷)、微量营养元素(铜、铁、钠、锰和锌)及污染元素(铬)进行了对比测定。结果表明，用 DP-LIBS 技术获得的数据构建的标准曲线的相关系数值高于单脉冲 LIBS 的，且检测限降低了 6/7。DP-LIBS 技术对于液体或者水下样品的分析也具有明显的优势。对液体进行分析时，第一束激光脉冲产生非常弱的等离子体和蒸汽气泡，第二束激光脉冲则可以有效激发等离子体或者(取决于脉冲间隔)在气泡中的气体环境中产生等离子体。Rifai 等采用 DP-LIBS 对水溶液中的铁、铅和金 3 种微量金属元素进行了定量分析，相比单脉冲 LIBS，检测限约降低 9/10。此外，DP-LIBS 还可用于文物的保护与修复工作。Fortes 等发展正交双脉冲 LIBS 技术用于考古样品的修复与分析，其中第一束激光脉冲用于样品表面的清洁，第二束激光脉冲用于样品的分析。

多脉冲可以看作是双脉冲技术的一个扩展，即使用两个以上连续激光脉冲进行分析。Prochazka 等设计了一个正交三脉冲 LIBS 技术，该技术在原有的再加热或再烧蚀正交双脉冲的基础上再加一束正交预烧蚀或再烧蚀激光。该正交三脉冲的信号强度比低能量烧蚀双脉冲的信号强度高 5 倍。在相同信号强度下，正交三脉冲的烧蚀体积也比双脉冲的烧蚀体积小。Guirado 等探究了多脉冲激发引起消融质量增加和信号增强的机制。发现与传统的单脉冲 LIBS 相比，其硅发射信号强度增强了约 60 倍。但由于 MP-LIBS 需要特殊的激光源，相关研究相对较少。

2)空间约束和磁约束 LIBS 技术

空间约束是一种经济有效的信号增强方法，该方法在十几年前被提出，如今已被广泛使用。其原理是在一个狭窄的空间(通常为几 mm)内产生等离子体，同时产生冲击波，而不断扩大的冲击波会从腔壁反射回来并作用于等离子体。该过程增加了等离子体的温度，从而增加了信号强度。Shen 等通过将等离子体约束在 20mm 深度的管道中，发现等离子体温度增加了 1000K 左右。激光诱导的铝等离子体图像显示等离子体被压缩成更小的圆柱形体积，铝原子线(394.4nm)发射强度的增强因子约为 9。Popov 等通过用一个小的黄铜样品室对等离子体的扩展进行空间限制以增强等离子体的辐射强度，观察到辐射增强明显。其中金属样品的辐射强度增强了 10 倍，土壤中砷原子线和铁离子线强度增强了 3～5 倍，且信背比也有很大改善。Fu 等探究了空间约束增强等离子体发射的物理机制。这种增强机制可解释为反射冲击波的“压缩”效应，即反射冲击波会压缩等离子体，使等离子体核心区更凝聚，等离子体温度更高，从而发射出更强的光谱信号；此外，反射冲击波还有助于提高等离子体核心位置的稳定性，从而降低信号的不确定性。

磁约束则是施加一个强的、稳定或脉冲磁场作用于等离子体，等离子体中电子和离子的运动将受到洛伦兹力的影响，使其膨胀变慢，从而导致羽流体积减小，电子浓度增加，并因此产生较高的碰撞频率和等离子体温度，最终获得了较高的发射强度。Rai 等研究了磁约束条件下锰等离子体信号强度随激光能量的变化，发现磁约束可以提高低能量(<210mJ)下锰等离子体的信号强度，降低高能量(>210mJ)下的信号强度。此外，还发现当激光能量高于 170mJ 时，与无约束等离子体相比，磁约束下的背景强度会显著降低。Guo 等研究了磁约束对不同元素的增强机制，发现金属元素(钴和铬)的等离子体信号强度在磁约束下显著增强，而非金属元素(硅)信号的增强几乎可以忽略不计。Hao 等为了提高 LIBS 对钢中钒(V)和锰(Mn)元素的检测灵敏度，采用环形磁体对等离子体进行空间和磁约束。结果表明，通过环形磁体约束，V Ⅰ 437.92nm 和 Mn Ⅰ 403.08nm 线的发射强度和信噪比均得到改善。通过磁约束可使信号增强 8.3 倍，但同时可能会增大信号的不确定度。因此，为了更全面地了解磁场对 LIBS 发射的影响，特别是磁场对导致形态波动的关键过程的影响，有必要进一步研究磁约束与等离子体演化的耦合关系。

3)微波辅助 LIBS(Microwave - assisted LIBS，MA - LIBS)技术

微波辅助是通过向等离子体加入微波能量来增强 LIBS 信号的一种有效方法。在传统的 LIBS 分析中，灵敏度取决于激光产生的等离子体的持续时间、大小等特性。通常，LIBS 等离子体的持续时间为 10 ~ 20μs，但当等离子体受到微波辐射时，其寿命明显提高，可延长至 2 ~ 10ms。同时等离子体尺寸也有明显增加，从而提高了分析的灵敏度。美国海洋光学仪器公司研制开发的激光辅助微波等离子体光谱(LAMPS)利用微波等离子体的相互作用明显增强了信号的强度，说明了微波增强信号的能力。Liu 等将 MA - LIBS 用于陶瓷样品分析，观察到信号相比常规 LIBS 增强了约 33 倍。此外，使用该技术对土壤样品中的铜进行测定，相比常规 LIBS，灵敏度提高了 23 倍。Khumaeni 等利用直径为 3mm 的环形天线耦合微波来增强 LIBS 发射。在微波作用下，等离子体辐射显著增强，且具有更高的温度和更长的寿命。通过优化环境压力，在 1.33kPa 下，氧化钆样品中钆谱线

增强因子可达32。钙的检测限由48ppm降低到2ppm。证明了该方法用于核燃料和放射性物质中微量元素鉴定的可行性。Wakil等探索MA－LIBS基于氟化钙和溴化钙分子发射光谱检测氟和溴的能力。氟和溴的检出限分别为(106 ±6) μg/g和(0.2 ±0.04)%。结果表明，低激光能量下的检出限得到了进一步提高，溴的检出限提高了4倍。由以上研究可知，微波能有效提高LIBS信号强度和检测灵敏度，但在降低RSD方面的潜力有待进一步探索。

4)共振激发LIBS技术

共振激发LIBS也是提高LIBS灵敏度的主要选择之一。按照增强原理，共振激发LIBS可分为原子荧光LIBS(LIBS－laser－induced fluorescence，LIBS－LIF)、共振增强LIBS(Resonance enhanced LIBS，RELIBS)以及共振LIBS(Resonant LIBS，RLIBS)3类。LIBS－LIF技术首先使用脉冲激光烧蚀样品产生等离子体，其次使用调谐于检测元素跃迁波长的激光进行共振激发，并检测荧光发射。Loudyi等使用LIBS－LIF技术降低水溶液中痕量元素(铁和铅)分析的检测限。该技术在保留了LIBS独特的在线监测功能的同时，利用高检测灵敏度的LIF技术降低LIBS的检测限。结果显示，LIBS－LIF检测限相对于LIBS降低了约500倍。Jiang等应用了LIBS－LIF技术对草药样品中痕量铅进行了快速分析，与LIBS技术相比，低铅浓度下信背比的增强因子在100以上。对于药用大黄中铅元素建立的校准曲线的R^2为0.996，检出限为0.13ppm。表明LIBS－LIF可以用于草药中痕量铅的快速、灵敏分析。虽然LIBS－LIF在使用过程中可明显提高分析灵敏度，但一次只能共振激发一个元素。RELIBS技术与LIBS－LIF基本相同，主要区别在于LIBS－LIF技术激发对象为痕量元素，而RELIBS为基体元素，且RELIBS能够实现多种元素同时测定。Goueguel等利用RELIBS技术降低铝合金中痕量元素的检测限。结果表明，镁和硅元素的绝对检测限分别由4fg和128fg(LIBS技术)降低到0.7fg和50fg(RELIBS技术)。且与传统的LIBS相比，RELIBS技术对样品的破坏性更小。以上两种技术(LIBS－LIF和RELIBS)大幅提高了LIBS技术的分析灵敏度，但是使用过程中需要两台激光器，装置比较复杂，而RLIBS技术只需使用一台波长可调谐的激光器便可实现。Rifai通过选择性激发Al I 309.27nm线，将RLIBS技术应用于铝合金中镁和硅的痕量检测。这项工作表明，RLIBS是一种非常有吸引力的技术，可用于样品的微损分析，特别是对于一些非常小的样品以及珍贵的人工制品具有广阔的应用前景。

5）表面增强 LIBS（Surface－enhanced LIBS，SENLIBS）技术

尽管 LIBS 技术可用于各种形态样品分析，但对液体样品的分析仍存在许多局限性，如大部分等离子体能量在液体的汽化过程中被消耗，从而降低了等离子体的发射强度。SENLIBS 作为一种新兴 LIBS 分析技术，可用于实现液体成分的痕量检测。该技术通过将待测物（液体或固体粉末）涂抹到金属基底表面进行测定。分析过程中，在基底表面上产生的等离子体可间接烧蚀待测样品，产生的信号由金属基底和样品共同组成。利用这一优势，SENLIBS 能够有效提高 LIBS 的分析性能。且相对于传统的液体检测方法，该技术具有试样用量少、制样简便以及对仪器性能要求较低的优势。

Yang 等引入 SENLIBS 用于检测水溶液中的稀土元素镧、铈、镨和钕，获得的 4 种元素的检测限分别为 0.85μg/mL、4.07μg/mL、2.97μg/mL 和 10.98μg/mL，证实 SENLIBS 是一种检测水溶液中稀土元素的可行技术。De Giacomo 等提出使用纳米增强 LIBS（Nanoparticle enhanced LIBS，NELIBS）技术提高 LIBS 发射信号强度。该技术通过在金属样品表面沉积银纳米粒子，使信号增强了 1～2 个数量级。尽管 NELIBS 是一项非常新的技术，但已在多个分析领域得到应用并取得了较好的分析结果。例如，对于金属样品分析，NELIBS 和 LIBS 发射谱线强度比可达 100。另外，将纳米粒子沉积在如玻璃、特氟隆或硅等载体上，便可获得用于液体样品分析的基底。De Giacomo 等将 NELIBS 用于浓度低于 ppm（10^{-6}）级的微滴溶液的元素分析。对于盐溶液中铅的检测限可以达到几 pg，对于银可以达到 0.2pg。NELIBS 还可以用于增强分子带发射，对于提高分子传感和分子同位素分析的灵敏度具有非常重要的意义。Koral 等在其研究工作中介绍了使用 NELIBS 增强激光诱导等离子体中的分子带发射的可行性，并探究了增强机制。此外，对于一些透明材料（如玻璃和宝石）的分析，NELIBS 技术也具有明显的优势。Koral 等将 NELIBS 技术应用于透明样品如宝石的分析，通过在样品表面沉积金纳米粒子，可有效限制或避免激光脉冲与样品本身的直接相互作用，从而减少了激光对样品的破坏。结果证实了 NELIBS 对高折射率样品（如玻璃、电气石、蓝宝石和红宝石）分析的潜力。综上所述，NELIBS 在信号增强尤其是低能级激光信号增强方面具有诱人的优势，特别是在痕量元素检测方面具有很大的潜力。然而，较大的 RSD 和较长的制备时间（添加 NPs 和等待溶液蒸发通常需要几分钟）限制了其在在线实时检测方面的应用。

6）联用技术

LIBS 技术与其他技术联用也是一种提高其分析性能的有效手段。LIBS 与其他技术联用主要包括可得到更为全面的物质成分信息的 LIBS－拉曼（LIBS－Raman）联用技术、增强分析灵敏度和检测能力的 LIBS－LIF 技术以及减少基体效应的激光烧蚀 LIBS（Laser ablation－LIBS，LA－LIBS）技术。其中 LIBS－LIF 主要通过具有高检测灵敏度的 LIF 技术以提高 LIBS 的检测限，其相关原理及应用已在共振激发 LIBS 部分进行了介绍。

LIBS 与 Raman 技术联用可以同时获得物质的元素组成信息和分子组成信息，已在多个领域得到了应用。Moros 等使用 LIBS－Raman 联用技术对火星表面条件下岩石进行了远程分析，该技术同时获取了样本的元素和分子信息，极大地提高了预测结果的准确性和可靠性。Lu 等将显微 LIBS－Raman 联合探测系统引入贝壳的成分分析中。在无须任何样品提前处理的前提下，使用 LIBS 技术进行元素检测以及 Raman 技术进行分子识别即可获得贝壳的组成分布。此外，LIBS－Raman 技术应用还包括艺术品的分析、地质样品的检测以及太空探测等。而在 LIBS－Raman 仪器方面，四川大学段忆翔教授团队成功研制出了世界上首款风冷型高性能 LIBS－Raman 一体化的光谱分析仪（LIBRAS）。该仪器将 LIBS 和 Raman 两种原位检测技术相结合，在一套光学系统上实现了 LIBS 和 Raman 技术联用。该仪器能够同时获得被测物的元素组成和分子结构信息，在地质勘探、油气探测、冶金分析及环境监测等关键领域具有广阔的市场前景及应用潜力。

LA－LIBS 作为一种新型分析技术被提出用于提高 LIBS 分析响应，减小基体效应。不同于传统的 LIBS 技术，LA－LIBS 技术通过使用两条分离的光束将激光烧蚀与激光等离子体产生分开，即一条用于剥蚀样品，另一条用于激发被剥蚀样品产生等离子体，从而有效减少基体效应的影响。Windom 等提出使用 LA－LIBS 技术降低固体样品分析中基体效应的影响，并将 LA－LIBS 用于纯铁、铜镍合金、铝合金等 7 种材料的分析。结果表明，对比传统 LIBS，LA－LIBS 技术获得了良好的分析响应。Pareja 等利用传统 LIBS 和 LA－LIBS 技术对土壤中钾元素的总浓度进行了测定，观察到 LA－LIBS 技术显示出比传统 LIBS 更好的线性响应。并为了评估 LA－LIBS 技术用于测量高度异质固体样品中元素总浓度的可行性，将 LA－LIBS分析扩展到大量无肥土壤样品中铁、锰、镁、钙、钠和钾元素的分析，发现铁、镁、钙和钾的分析响应在可接受范围内，而钠和锰的线性相关性不强。

在今后的土壤定量分析中，需要对 LA - LIBS 技术进行进一步改进。

1.1.2.2 LIBS 仪器开发研究

1) 现场分析仪器

随着工业、军事和安全领域对快速化学响应的需求、地质勘探和环境监测领域对现场分析的需求、考古和文化遗产领域对不可移动物品或材料判别分析的需求以及对极限条件下(如放射性环境中)物质进行分析的需求不断增多，现场分析仪器是一种非常有吸引力的选择。目前，X 射线荧光光谱、红外光谱、拉曼光谱和激光诱导荧光技术已成功地应用于现场测量，并获得了较好的测量结果。而由于具有现场便携式仪器所需的许多特性，LIBS 技术也是目前备受关注的现场分析技术之一，并已在现场条件下进行了成功测试。LIBS 现场分析仪器主要包括便携式和远程分析两种。

(1) 便携式 LIBS 仪器

便携式 LIBS 仪器，方便携带，可直接在现场进行分析。1996 年，美国 Los Alamos 国家实验室的 Yamamoto 等研发了第一台便携式 LIBS 仪器，并对环境中金属元素进行了测定。该仪器的重量为 14.6kg，主要由采样探头和分析单元两部分组成。其中采样探头包含激光、聚焦透镜、光纤和安全开关，而分析单元包含激光电源、光谱仪、CCD 检测器和计算机。但是该仪器需要在 120V 交流电压下工作，自主性较差。1998 年，Castle 等在第一台便携式仪器的基础上设计了一台使用电池供电的便携式仪器，进一步增加了系统的自主性。2001 年，Wainner 等同样基于第一台便携式仪器开发了一台 LIBS 仪器，该仪器被包裹在一个铝制外壳中，操作过程既可以使用 12V 电池也可以使用 115V 交流电。为了评估其性能，使用该便携式仪器对油漆和土壤中的铅元素进行了快速无损检测。将获得的结果与实验室仪器进行了对比，发现在光谱仪精密度和分辨率较实验室仪器差的情况下，仍表现出和实验室仪器相似的性能。

以上两台仪器在自主性方面都较第一台仪器有所提升，但是仍然需要不同程度的人工干预。2003 年，Palanco 等研发出一台全自动便携式 LIBS 仪器。该仪器由主机和手持式探头两部分组成，其中主机中包含激光电源、光谱仪、定时和采集设备以及带有液晶显示屏的计算机；手持式探头则包含激光头和光学元件。在现场分析过程中，通过计算机便可以控制仪器操作、数据采集和处理。使用该仪器对废钢样品中的铬、镍和锰 3 种元素进行定量分析，获得的 RSD 值分别为

2.36%、5.42%和3.40%。此外，该便携式仪器还被用于洞穴蚀变层厚度和组成的半定量分析，但是在对这些特殊环境如洞穴进行分析时，该仪器不便于携带。随后，Cuñat等对该仪器进行了改进，把光谱仪和计算机封装在一个专门改装的背包中，使其更便于一些特殊环境中的应用。目前，该改进的仪器已成功应用于岩溶地貌原位分析、地表灰尘中铅的测定、海岸石油泄漏残留物检查以及室内有害生物的检测。此外，2004年，美国海洋光学仪器公司联合美国陆军研究实验室共同设计了一种集成的、轻型便携式LIBS仪器。该仪器由一个采样探头和一个经过特别改装的背包构成，背包里装有激光电源、计算机、电池和光谱仪。

以上便携式仪器多是基于单脉冲LIBS进行集成。Bertolini等研发了第一台集成双脉冲技术的便携式LIBS仪器。该仪器已在文化遗产分析、环境诊断和冶金分析等领域得到应用并获得了较满意的结果。Goujon等研制了一台可同时在单脉冲和双脉冲模式下工作的小型便携式LIBS仪器。使用该仪器对艺术品和考古领域相关材料进行了分析，结果表明，该仪器在激光脉冲重现性、自主性和界面方面表现出优异的性能，且在双脉冲模式下可进一步提高LIBS信号强度和信噪比。

我国也非常重视LIBS仪器的研制与开发，科技部和国家自然科学基金委等资助了多个LIBS仪器研制项目。在首批科技部国家重大科学仪器设备开发专项的资助下，由四川大学段忆翔教授牵头的研究团队成功研发出的便携台式LIBS光谱仪和高能手持式LIBS光谱仪，实现了从台式、便携式到手持式的全系列LIBS产品研发，达到了国际先进水平。该系列便携式仪器除了具有与实验室台式LIBS相似的优点之外，其方便、便携、可现场及在线分析等优势受到国内外研究同行的高度关注。该系列LIBS仪器也是我国首次成功自主研发的产品，分别荣获2017年BCEIA金奖和2019年中国仪器仪表学会科学技术奖一等奖，标志着我国LIBS仪器自主研制能力的提升。此外，华中科技大学LIBS团队与武汉新瑞达激光工程有限责任公司联合研制出了移动式和手提式LIBS仪器。

(2)远程LIBS分析仪器

当对极限环境或特殊环境中的物质或一些有毒和放射性物质进行分析时，远程LIBS技术具有明显的优势。远程LIBS系统可分为Remote和Stand－off两类，其主要区别在于，Remote－LIBS系统中的激光和信号通过一根光纤进行传输，而Stand－off LIBS系统中激光和信号则沿开路传输。在Remote－LIBS系统中，光纤对系统的设计和构造具有重要的作用，可用于激光传输和等离子体光的收集。LIBS 系统中光纤的集成也是实现其极端环境中应用的有效解决方案。Bousquet 等开发了一台可移动的 LIBS 设备并应用于土壤中污染物的原位分析，该设备利用一根长 10m 的光纤进行激光传输与等离子体辐射光收集。Guirado 等应用 LIBS 远程分析水下 30m 深处的考古材料，现场试验结果证实了远程 LIBS 对水下考古样本进行原位分析的能力，为 LIBS 远程分析提供了一个新的应用方向。

然而，由于 Remote - LIBS 系统使用光纤进行激光传输和等离子体光的收集，不适用于大面积区域样品的分析。而基于开路传输的 Stand - off LIBS 系统，激光和等离子体辐射则通过大气传输，可实现大面积区域样品的分析。但在使用过程中，Stand - off LIBS 系统需要较高的激光功率密度，以便在远距离产生有效的激光诱导等离子体，并且收集足够用于分析的等离子体光。目前，Stand - off LIBS 系统在很多领域得到了广泛应用并获得了有趣的结果，特别是太空探测领域。早在 1991 年，美国 Los Alamos 国家实验室就预言了 LIBS 在未来空间探测的重大潜力，并开启了这方面的研究。并于 1992 年首次展示了用于远程检测的 LIBS 仪器。2012 年 NASA 将 LIBS 技术运用到火星探测器上，并进行了火星表面的远距离探测。此外，Stand - off LIBS 技术在法医学、科技考古和爆炸物分析等领域也得到广泛应用。Vítková 等应用 Stand - off LIBS 技术对生物、矿物进行快速判别、分析，并使用线性判别分析和人工神经网络对 18 种不同种类样品进行分类。结果表明，LIBS 技术结合化学计量学方法可作为考古或古生物学材料快速鉴定的一种有力工具。Lopez - Moreno 等基于 Stand - off LIBS 对 45m 范围内的高能材料进行了探测和表征，证明了 Stand - off LIBS 具有用于爆炸现场残留物检测的能力。

我国的远程 LIBS 技术研究起步较晚，但也开展了一系列研究工作。中国海洋大学研制并完成了一套针对深海探测的 LIBS 系统——深海 LIBS 金属离子原位探测系统。该系统可实现深海环境中各种条件下金属元素的非接触、多元素同时探测。该系统的研制成功，对提升我国在深海探测技术方面的竞争力有着积极的作用。

2）专属型 LIBS 仪器

通用型仪器往往功能比较齐全，且能应用于大部分领域。但在实际应用中，通用型仪器不能在每个领域达到最优的效果。因此，在通用型仪器性能指标进一步提升较困难的情况下，为满足社会的需求，研发一些专属型 LIBS 分析测试仪器对于提升 LIBS 分析性能具有重要意义。专属型 LIBS 仪器即针对特定的检测对象而开发的各种实用仪器。相比通用型仪器，专属型仪器在使用成本和检测精度方面都得到了有效的改善。牛津仪器(Oxford Instruments)有限公司基于 LIBS 技术推出的新款超快速金属合金分拣仪，可满足重金属合金快速鉴别和分拣的需求。相比市面上的手持式 X 射线荧光光谱仪，该仪器分析速度可提高至 10 倍，且无须替换昂贵的探头或 X 射线光管，维护及维修成本较低。我国清华大学和美国 TSI 公司合作研发的快速、在线煤质 LIBS 分析仪器，为我国煤炭行业的可持续性发展起到积极的推动作用。此外，中国科学院沈阳自动化研究所与抚顺新钢铁有限公司联合开发的集双脉冲激光增强技术和望远镜光学结构为一体的 LIBS 钢水成分在线分析仪，已成功应用于 40t 级钢包上钢水成分的在线检测。该仪器在工业生产中有巨大的商业价值，可有效提高钢铁产品质量、降低能源消耗。

综上所述，人类在 LIBS 分析性能提升和仪器开发方面做了大量的工作，推动了 LIBS 技术的飞速发展。但是 LIBS 技术发展进程中仍然存在很多问题。例如，目前大部分 LIBS 技术只是获得相关物质的谱图信息，后续还需花费大量时间对谱图进行解析，阻碍了其在现场分析中的应用。而通过发展相关软件可以实现自动化的仪器操作、数据处理、分析结果的输出以及数据的分析比对等，为 LIBS 分析带来前所未有的便捷。因此，集成相关软件，实现 LIBS 仪器的软硬件结合具有重要的意义。软件的集成将会使 LIBS 仪器的自动化程度更高、操作更简单、结果的重现性和再现性更好、结果更可靠。这也是当前 LIBS 仪器发展的一个重要趋势。此外，在 LIBS 使用过程中，由于仪器参数的波动、复杂的基体效应和样品的不均匀等，会产生非常复杂的 LIBS 光谱数据，基于这些数据获得准确的分析结果是非常困难的。因此，如何实现这些复杂数据的解析以及如何从中提取所需的有用信息也是 LIBS 技术面临的主要难题。

1.2 化学计量学

化学计量学是将数学和计算机科学应用于化学的一门新兴的交叉学科，是化学领域的一个重要分支。近几年，随着仪器性能的不断提高，化学计量学在光谱学领域显示出强大的生命力。通过化学计量学方法可以从光谱数据集中提取有价值的信息，从而获取分析样品的组成和理化性质。目前，光谱结合化学计量学的分析技术已广泛应用于多个领域，并取得了一系列开创性成果。

1.2.1 化学计量学起源与发展

化学计量学诞生于20世纪70年代，兴盛于20世纪80年代，当时分析仪器的快速发展，计算机技术的迅速普及，使得化学计量学内容得到了充实和扩展。很多核心方法都是在这一时期创建和完善的。如今，化学计量学已成为化学、能源化学、生物化学、药物化学、食品化学、环境化学和材料科学中信息处理的强有力手段。化学计量学的发展历程大致可分为以下几个阶段。

化学计量学学科成立前期，即“化学计量学”一词出现之前，在化学特别是分析化学领域，基本使用数理统计方法分析量测结果。这一时期，定量分析得到广泛的应用，精度、准确度和不确定性这些概念也得到了快速发展。同时，最小二乘回归、实验设计和方差分析等统计学方法开始应用于分析化学。以上这些都促进了化学计量学的产生。

20世纪70年代，计算机逐步普及，分析化学中的统计学、多元统计和计算这3个主题开始融合。1972年，瑞典的S Wold发表了第一篇使用“Chemometrics”的论文，即化学计量学的论文，标志着化学计量学的诞生。1974年，S Wold和B R Kowalski在华盛顿大学成立了国际化学计量学学会，并开展了一系列的学术交流活动，促进了化学计量学的进一步发展。这一时期，分析仪器得到快速发展，使分析过程中产生大量的测量数据，而如何从这些数据中识别有用的特征信息很自然地成为化学计量学得以发展的原始驱动力。

20世纪80年代，化学计量学得到长足发展并日趋成熟。一些和化学计量学密切相关的杂志也相继创刊，同时一些化学计量学专著和系列丛书也相继问世。自1982年起，Analytical Chemistry便在其基础评论中加入了化学计量学专题。1986~1987年，在Wiley和Elsevier上，分别开设了新的化学计量学期刊*Journal of Chemometrics*和*Chemometrics and Intelligent Laboratory Systems*。1988年，Massart及其同事撰写了最早的化学计量学综述文献。此外，1984年，美国Mathworks公司推出了MATLAB软件，使得化学计量学中的很多复杂数学计算仅使用一条语句便可实现，极大地促进了化学计量学的发展。

20世纪90年代，化学计量学真正进入实际应用阶段，在很多领域得到广泛应用，也成为化学和分析化学领域不可缺少的工具。此外，各种化学计量学软件也成为现代分析仪器的重要组成模块。

综上所述，技术的进步，尤其是计算机技术进步，使得化学计量学在过去的40年取得了惊人的发展。如今，化学计量学已发展成为一门成熟的学科，一些过去需要在台式机上花费数小时或需要应用大型机才能进行计算的算法已成为实验室的常规工具。目前，化学计量学的研究主要集中于两方面：一方面是用于数据解析的新理论和新方法的开发。分析仪器的智能化是21世纪分析化学发展的重要趋势，而化学计量学方法发展的主要驱动力之一便来源于现代分析仪器的发展。在分析仪器发展的过程中产生了许多具有挑战性的数据分析问题，促进了快速、有效的化学计量方法的开发。另一方面则是化学计量学解析方法在相关领域中的应用研究。化学计量学在各个领域的应用研究取得了许多重要成果，特别是进入21世纪，在生物信息学领域，化学计量学为蛋白质组学、基因组学和代谢组学提供了一个强有力的数据处理手段。

1.2.2 化学计量学在激光诱导击穿光谱技术中的应用

由于可在短时间内快速获得分析样品的成分和含量，LIBS技术已成为一种快速的多元素分析工具。但LIBS在使用过程中，由于仪器参数的波动、复杂的基体效应和样品的不均匀性等，会产生非常复杂的光谱数据，阻碍了其在分析化学领域的应用和推广，这就意味着对LIBS光谱数据进行处理和评估是非常重要的。化学计量学方法可以从复杂的LIBS光谱数据中提取有用的信息并减少诸如背景信号、噪声和重叠峰之类的干扰因素，从而在LIBS光谱数据分析中得到广泛的应用。化学计量学在LIBS分析中的应用主要集中在预处理、变量选择、定性分析(模式识别)和定量分析等方面，所涉及的化学计量方法如表1-1所示。

表1-1 LIBS分析中的化学计量学方法

预处理	平滑滤噪	小波变换(Wavelet Transform，WT) Savitzky-Golay滤波器(S-G滤波器)
	寻峰	小波变换
	光谱散射校正	标准正态变换(Standard Normal Variate，SNV) 多元散射校正(Multiplicative Scatter Correction，MSC)
	光谱归一化	强度归一化
	基线校正	一阶导数(First Derivative，1st Der) 二阶导数(Second Derivative，2nd Der)
	异常值剔除	主成分分析(Principal Component Analysis，PCA)

续表

变量选择	单一变量选择	变量重要性投影(Variable Importance Projection, VIP) 区间偏最小二乘(Interval Partial Least Squares, iPLS) 修正迭代预测加权偏最小二乘(Modified Iterative Predictor Weighting - Partial Least Squares, mIPW - PLS) 连续投影算法(Successive Projections Algorithm, SPA) 粒子群优化(Particle Swarm Optimization, PSO) 遗传算法(Genetic Algorithm, GA) 海洋捕食者算法(Marine Predators Algorithm, MPA) 逐步选择(Stepwise, SW) 序列后向选择 - 随机森林(Sequential Backward Selection - Random Forest, SBS - RF) 变量重要性随机森林(Variable Importance Random Forest, VIRF)
	混合变量选择	小波变换 - 平均影响值(Wavelet Transform - Mean Impact Value, WT - MIV) V - WSP - 粒子群优化(V - WSP - PSO)
定性分析(模式识别)	无监督模式识别	k 均值聚类算法(k - means Clustering Algorithm) 主成分分析(PCA)
	有监督模式识别	k 最近邻(k - Nearest Neighbor, KNN) 线性判别分析(Linear Discriminant Analysis, LDA) 偏最小二乘判别分析(Partial Least Squares Discriminant Analysis, PLS - DA) 簇类独立软模式法(Soft Independent Modeling Of Class Analogy, SIMCA) 支持向量机(Support Vector Machine, SVM) 人工神经网络(Artificial Neural Network, ANN) 最小二乘支持向量机(Least Squares Support Vector Machine, LSSVM) 判别因子分析(Discriminant Factor Analysis, DFA) 随机森林(Random Forest, RF)
定量分析	多元校正	多元线性回归(Multiple Linear Regression, MLR) 偏最小二乘(Partial Least Squares, PLS) 支持向量机(SVM) 最小二乘支持向量机(LSSVM) 人工神经网络(ANN) 随机森林(RF) 极限学习机(Extreme Learning Machine, ELM) 核极限学习机(Kernel Extreme Learning Machine, KELM)

1.2.2.1 光谱预处理

在 LIBS 光谱分析中，由于脉冲激光能量的波动，导致 LIBS 信号的重现性较差。从仪器本身看，可以使用双脉冲或多脉冲 LIBS 技术增强信号重现性，但这会增加仪器的复杂性和设备的成本，且重现性并没有得到很明显的改善；通过增加分析的次数也可以增强信号重现性，但同时增加了样品消耗，且限制了仪器的远程应用。此外，LIBS 光谱信号还易受到连续背景信息、噪声以及谱线干扰等的影响，导致分析结果准确性较差。光谱预处理是 LIBS 光谱数据分析中提取准确信息的关键步骤，也是增强不同样本之间细微差异的关键步骤。利用合适的光谱预处理方法对 LIBS 光谱数据进行校正、滤噪以及异常值移除可有效提高分析结果的准确性和重现性。

常用的 LIBS 光谱数据预处理方法包括归一化、平滑、导数、小波变换等。归一化是将数据按比例缩放和转换，使数据落在一个较小的特定区间内的一种预处理方法。归一化算法主要包含向量归一化、最小 - 最大值归一化、最大值归一化和 Logistic 变换等。然而，需注意的是归一化方法可能会隐藏重要的光谱特征。LIBS 技术得到的光谱信号中除含有特征信息外，还叠加随机误差，即噪声。信号平滑是消除噪声最常用的一种方法。对 LIBS 进行平滑处理，可以在保留特征光谱信息的同时去除随机噪声。LIBS 平滑方法主要有 Savitzky - Golay 滤波法和小波阈值滤波法。最常见的是 Savitzky - Golay 滤波法，基于在预定义的光谱点间隔内进行多项式最小二乘拟合，然后将该区间移动到光谱的下一个点，并重复拟合过程。Savitzky - Golay 滤波法的主要缺点是多项式拟合中使用的多项式阶数和窗口会影响结果。一阶和二阶导数也是 LIBS 光谱分析中常用的预处理方法。导数光谱可以有效消除基线和背景的干扰，分辨重叠峰，提高分辨率和灵敏度。但是，导数在使用过程中会引入噪声，降低光谱信噪比。小波变换作为分析信号的“数学显微镜”，在 LIBS 光谱信号处理中同样有较为广泛的应用。小波变换在 LIBS 光谱中的应用涉及去噪平滑、光谱数据压缩以及特征信息的提取等。例如，Zhang 等提出一种双阈值优化模型对 LIBS 光谱进行小波滤噪。相比原始光谱，检测限降低约 50%，信噪比提高了 2 倍。Xie 等基于软硬阈值小波滤噪方法提出一种修正的软硬阈值法，并把该方法与内标法相结合用于铝合金中微量元素的测定。结果表明，该方法能够有效提高 LIBS 在微量元素定量分析中的准确性。此外，一些新的光谱处理方法在 LIBS 光谱分析中得到有效应用。如 Zhang 等提出一种插值法用于校正 LIBS 光谱连续背景，与其他插值法进行对比说明了该方法在连续背景校正中具有明显的优势。

1.2.2.2 变量选择

变量选择是光谱数据挖掘中一个非常重要的环节。在很多情况下，通过选择重要特征，丢弃不相关或相关性较低的特征，可以显著提高分析结果的准确性。在使用 LIBS 进行分析时，产生的大量复杂的光谱数据中除了特征信息、背景和噪声干扰信息外，还有大部分与样品特征相关性甚微的冗余信息。若使用全部光谱数据进行建模，将会严重影响模型计算效率和预测结果的准确度。因此，为了改善上述问题，可以通过选择能充分反映被测样品特性的变量以降低数据的维数。

LIBS 光谱分析中涉及的变量选择方法主要包含两种：一种方式是基于先验知识和现有的频谱数据库进行手动截取，如 De Lucia 等使用与炸药成分有关的 LIBS 发射谱线强度和强度比作为输入变量构建偏最小二乘判别分析模型对炸药残留物进行分类。但由于复杂的样本基体以及仪器和环境等因素的影响，根据先验知识筛选出的特征变量可能是不可靠的，从而导致后续定性或定量结果的准确性较差。另一种方式则是使用变量选择方法以实现特征的自动筛选。如在线性回归分析中，主成分分析载荷和偏最小二乘回归系数可以筛选重要的特征变量。一些基于偏最小二乘的方法，如区间偏最小二乘、后向区间偏最小二乘和修正偏最小二乘，也是提取光谱变量的有效方法。此外，连续投影算法、遗传算法、粒子群优化算法等在 LIBS 光谱提取中也得到了广泛应用。Myakalwar 等探索先验知识和遗传算法用于 LIBS 光谱实现爆炸物分类的可行性。分别使用通过样品化学成分选择的光谱区域和通过执行遗传算法选择的光谱区域构建偏最小二乘判别模型实现爆炸物的分类。结果表明，基于遗传算法的偏最小二乘判别模型获得了最优的分类结果，分类正确率达 94% 。Pontes 等探究了连续投影算法、遗传算法和逐步选择算法在土壤 LIBS 光谱变量选择中的应用。基于选择的变量构建线性判别分析模型用于土壤分类。结果显示，基于连续投影算法的线性判别分析模型获得了最好的分类结果，验证集的平均分类率达到 90% ，交叉验证达到 72% 。此外，一些新的混合变量选择方法，如 V - WSP - 粒子群优化、小波变换 - 粒子群优化、小波变换 - 平均影响值等也成为 LIBS 技术变量选择的有效方法。与基于粒子群优化、小波变换、遗传算法的变量选择方法相比，混合变量选择方法的效率和准确率更高。总体上，光谱数据的变量选择可以有效减少过拟合，提高预测准确度，节省时间，减少计算资源消耗。

1.2.2.3 定性分析(模式识别)

多元分类法，又称模式识别法，是利用化学计量学方法提取差异信息对样本进行分类和判别的过程，被分类的对象称为模式，分类的过程称为识别。模式识别方法在 LIBS 中主要用于探索不同样品光谱间的差异性与相似性。由于可以同时考虑光谱的多个或全部特征，对于 LIBS 分析结果的稳健性和有效性具有重要意义。

模式识别方法主要分为无监督模式识别和有监督模式识别两类。无监督模式识别是在事先不知道样本类别的情况下进行训练或学习，获取样品分类方面的信息。最广泛使用的无监督学习算法是主成分分析。主成分分析的一个重要作用是“降维”，不能单独用于对样本进行分类。无监督学习通常采用聚类算法对不同样品进行分类。聚类算法是将样本数据集中的所有数据按照相似度划分为若干类的过程。聚类算法可以被分为划分方法、层次方法、基于密度方法、基于网格方法和基于模型方法 5 类。最主要的是划分聚类方法和层次聚类方法两种。划分聚类算法通过优化评估函数将数据集分为 K 个部分，将 K 作为输入参数。层次聚类由不同层次的分割聚类组成，层次之间的分割具有嵌套的关系，不需要输入参数，这是其优于分割聚类算法的一个明显的优点。层次聚类分析可用于根据指纹信息的相似程度构建聚类的层次结构，结果通常以“树状图”的形式呈现。

有监督模式识别一般指使用一组已知类别的样本作为训练集构建训练模型，然后使用训练模型对未知样本的类别进行预测，确定所属分类。最常用有监督模式识别方法主要有线性判别分析、k 最近邻、簇类独立软模式、偏最小二乘判别分析、支持向量机、随机森林和人工神经网络等。Kim 等探索 LIBS 结合模式识别方法在土壤分类中的应用。采用主成分分析对 3 种不同类型的土壤(重金属污染、石油污染和无污染)进行了成功判别，并运用偏最小二乘判别分析方法对测试集样品进行分类。对于重金属污染的土壤和石油污染的土壤正确分类率均为 100%，无污染土壤的正确分类率相对较差，为 95%。结果表明，LIBS 光谱结合模式识别方法对于区分被重金属或石油污染的土壤是非常有效的。Yu 等运用簇类独立软模式和最小二乘支持向量机对不同类型的土壤进行分类，两种方法获得的正确分类率分别 90% 和 100%。Myakalwar 等运用主成分分析和簇类独立软模式对药物片剂进行分类，主成分分析用于样品相似性的区分，簇类独立软模式用于 30 个测试集样品的分类，获得的平均正确分类率为 94%。说明 LIBS 结合模式识别方法在药物分析中的可行性。Tian 等比较偏最小二乘判别分析和支持向量机对地质样品进行分类分析，并在此基础上，发展一个新的组合模型用于进一步提高分析结果的准确性。结果显示，对比偏最小二乘判别分析，基于 LIBS 光谱的非线性支持向量机模型对于地质样品的在线分析具有更大的优势，而组合模型可进一步提高分类结果的准确度。

1.2.2.4 定量分析

光谱定量分析主要通过分析已知光谱信息与测量特征之间的内在关系，建立合适的校正模型，对预测样品的相关属性进行测定。LIBS 定量分析主要涉及单变量校正和多变量校正两种。单变量校正主要通过元素在样品中的含量与其 LIBS 特征峰强度的相关性完成元素的定量分析。然而，由于实验参数的不可控波动，样品表面的不均匀性以及物理化学基体效应的影响，传统的单变量方法不能够客观展现 LIBS 光谱强度与元素含量之间的关系。而多变量校正方法可通过光谱强度与目标属性之间的关系建立预测模型用于未知样品检测，在使用过程中能够有效降低基体效应和自吸收效应对预测结果的影响。

最常用的多变量校正方法主要有多元线性回归、偏最小二乘、支持向量机、随机森林和人工神经网络等。Zaytsev 等采用主成分分析在不同波长范围内对高合金不锈钢中硅、锰、铬和镍进行定量分析。结果与传统的单变量校正进行对比，表明主成分分析具有较好的定量分析性能。Gu 等在最优化的实验参数下利用单变量校正和偏最小二乘对合金钢中的铬和镍进行了定量分析。结果表明，偏最小二乘算法可有效减小基体效应影响，提高定量分析的准确度。以上这些方法建立的是分析物浓度与光谱信号之间的线性关系，而 LIBS 光谱由于受到自吸收效应的影响通常是非线性的。Shi 等使用 LIBS 技术结合支持向量机对沉积岩样品中 5 个主要元素(硅、钙、镁、铁和铝)进行了定量分析。与基于偏最小二乘的线性学习方法相比，支持向量机模型预测准确度显著提高。说明非线性多元校正方法可有效减少等离子体自吸收效应的影响。Zhang 等采用基于随机森林的非线性多元校正方法结合 LIBS 技术分析了钢铁中硅、锰、铬、镍和铜 5 种元素的含量。结果与偏最小二乘和支持向量机模型对比发现，随机森林能够消除等离子体发射过程中自吸收引起的非线性因素影响，从而提高预测结果的准确率。证明了非线性多元校正方法在 LIBS 光谱定量分析中的巨大应用潜力。

参考文献

[1]刘涛，顾莹莹，赵由才. 能源利用与环境保护：能源结构的思考[M]. 北京：冶金工业出版社，2011.

[2]Zou C N，Zhao Q，Zhang G S，et al. Energy revolution：From a fossil energy era to a new energy era[J]. Natural Gas Industry B，2016，3(1)：1－11.

[3]Liu W，Li H. Improving energy consumption structure：A comprehensive assessment of fossil energy subsidies reform in China[J]. Energy Policy，2011，39(7)：4134－4143.

[4]Clark G，Jacks D. Coal and the industrial revolution，1700－1869[J]. European Review of Economic History，2007，11(1)：39－72.

[5]Knowles A K. The Industrial Revolution in Iron：The Impact of British Coal Technology in Nineteenth－Century Europe(review)[J]. Technology & Culture，2006，47(3)：668－669.

[6]Nelson P F，Shah P，Strezov V，et al. Environmental impacts of coal combustion：A risk approach to assessment of emissions[J]. Fuel，2010，89(4)：810－816.

[7]陈鹏. 中国煤炭性质、分类和利用[M]. 北京：化学工业出版社，2007.

[8]Liu H B，Liu Z L. Recycling utilization patterns of coal mining waste in China[J]. Resources，Conservation and Recycling，2010，54(12)：1331－1340.

[9]Minggao Q. On sustainable coal mining in China[J]. Journal of China Coal Society，2010，35(4)：529－534.

[10]Carlson C L，Adriano D C. Environmental impacts of coal combustion residues[J]. Journal of Environmental Quality，1993，22(2)：227－247.

[11]Ross A B，Jones J M，Chaiklangmuang S，et al. Measurement and prediction of the emission of pollutants from the combustion of coal and biomass in a fixed bed furnace[J]. Fuel，2002，81(5)：571－582.

[12]Zhang J F，Smith K R. Household air pollution from coal and biomass fuels in China：measurements，health impacts，and interventions[J]. Environmental Health Perspectives，2007，115(6)：848－855.

[13]You C F，Xu X C. Coal combustion and its pollution control in China[J]. Energy，2010，35(11)：4467－4472.

[14]Yan R，Zhu H，Zheng C，et al. Emissions of organic hazardous air pollutants during Chinese coal combustion[J]. Energy，2002，27(5)：485－503.

[15]曲思建. 煤炭清洁利用与环境保护技术[M]. 北京：科学出版社，2019.

[16]主要责任者．煤中全硫的测定方法：GB/T 214—2007[S]．北京：中国标准出版社，1996.

[17]主要责任者．煤中全水分的测定方法：GB/T 211—2007[S]．北京：中国标准出版社，2007.

[18]主要责任者．煤的工业分析方法：GB/T212—2001[S]．北京：中国标准出版社，2001.

[19]主要责任者．煤的发热量测定方法：GB/T 213—2008[S]．北京：中国标准出版社，2008.

[20]Brown F V，Jones S A. On – site determination of ash in coal utilizing a portable XRF analyzer[J]. Advances in X – ray Analysis，1979，23：57 – 63.

[21]Zhang Y，Zhang X L，Jia W B，et al. Online X – ray fluorescence(XRF) analysis of heavy metals in pulverized coal on a conveyor belt[J]. Applied Spectroscopy，2016，70(2)：272 – 278.

[22]Cutmore N，Abernethy D，Evans T. Microwave technique for the on – line determination of moisture in coal[J]. Journal of Microwave Power and Electromagnetic Energy，1989，24(2)：79 – 90.

[23]Liu L，Zhou Y，Zhao H，et al. On – line measurement method of water in coal based on microwave heating[C]//2008 International Conference on Intelligent Computation Technology and Automation(ICICTA). IEEE，2008，1：1096 – 1100.

[24]Watt J S，Steffner E J. Dual energy gamma – ray transmission techniques applied to on – line analysis in the coal and mineral industries[J]. The International Journal of Applied Radiation and Isotopes，1985，36(11)：867 – 877.

[25]Yazdi M，Esmaeilnia S A. Dual – energy gamma – ray technique for quantitative measurement of coal ash in the Shahroud mine，Iran[J]. International Journal of Coal Geology，2003，55(2 – 4)：151 – 156.

[26]Jia W B，Hei D Q，Xu A G，et al. Influence of sample weight in coal composition online analysis by PGNAA[J]. Atomic Energy Science and Technology，2011，45(8)：1011 – 1014.

[27]Lim C S，Abernethy D A. On – line coal analysis using fast neutron – induced gamma – rays[J]. Applied Radiation and Isotopes，2005，63(5/6)：697 – 704.

[28]Spyrou N，Awotwi – Pratt J，Williams A. The testing and applications of a PGNAA technology online coal analyser at Hendrina Power Station South Africa[J]. Radiation Measurements，2003，36：471 – 474.

[29]Breech F，Cross L. Optical microemission stimulated by a ruby maser[J]. Applied Spectroscopy，1962，16(2)：59.

[30]Cremers D A，Knight A K. Encyclopedia of Analytical Chemistry[M]. New Jersey：John Wiley

& Sons, 2006.

[31] Fortes F J, Moros J, Lucena P, et al. Laser – induced breakdown spectroscopy[J]. Analytical Chemistry, 2013, 85(2): 640 – 669.

[32] 万雄, 王鹏, 王琦, 等. 激光诱导击穿光谱测量偏差的物理影响因素研究[J]. 光谱学与光谱分析, 2013, 33(10): 2599 – 2602.

[33] Radziemski L J. From LASER to LIBS, the path of technology development[J]. Spectrochimica Acta Part B: Atomic Spectroscopy, 2002, 57(7): 1109 – 1113.

[34] Lanza N L, Wiens R C, Clegg S M, et al. Calibrating the ChemCam laser – induced breakdown spectroscopy instrument for carbonate minerals on Mars[J]. Applied Optics, 2010, 49(13): C211 – C217.

[35] Wiens R C, Maurice S, Lasue J, et al. Pre – flight calibration and initial data processing for the ChemCam laser – induced breakdown spectroscopy instrument on the Mars Science Laboratory rover[J]. Spectrochimica Acta Part B: Atomic Spectroscopy, 2013, 82: 1 – 27.

[36] Meng D S, Zhao N J, Wang Y Y, et al. On – line/on – site analysis of heavy metals in water and soils by laser induced breakdown spectroscopy[J]. Spectrochimica Acta Part B: Atomic Spectroscopy, 2017, 137: 39 – 45.

[37] Harmon R S, Russo R E, Hark R R. Applications of laser – induced breakdown spectroscopy for geochemical and environmental analysis: A comprehensive review[J]. Spectrochimica Acta Part B: Atomic Spectroscopy, 2013, 87: 11 – 26.

[38] Martin M Z, Labbé N, André N, et al. High resolution applications of laser – induced breakdown spectroscopy for environmental and forensic applications[J]. Spectrochimica Acta Part B: Atomic Spectroscopy, 2007, 62(12): 1426 – 1432.

[39] Singh V K, Rai A K. Prospects for laser – induced breakdown spectroscopy for biomedical applications: a review[J]. Lasers in Medical Science, 2011, 26(5): 673 – 687.

[40] Giakoumaki A, Melessanaki K, Anglos D. Laser – induced breakdown spectroscopy(LIBS) in archaeological science – applications and prospects[J]. Analytical and Bioanalytical Chemistry, 2007, 387(3): 749 – 760.

[41] Spizzichino V, Fantoni R. Laser induced breakdown spectroscopy in archeometry: a review of its application and future perspectives[J]. Spectrochimica Acta Part B: Atomic Spectroscopy, 2014, 99: 201 – 209.

[42] Siozos P, Philippidis A, Anglos D. Portable laser – induced breakdown spectroscopy/diffuse reflectance hybrid spectrometer for analysis of inorganic pigments[J]. Spectrochimica Acta Part B: Atomic Spectroscopy, 2017, 137: 93 – 100.

[43] Noll R, Fricke – Begemann C, Brunk M, et al. Laser – induced breakdown spectroscopy expands into industrial applications[J]. Spectrochimica Acta Part B: Atomic Spectroscopy, 2014, 93: 41 – 51.

[44] Noll R, Sturm V, Aydin Ü, et al. Laser – induced breakdown spectroscopy: from research to industry, new frontiers for process control[J]. Spectrochimica Acta Part B: Atomic Spectroscopy, 2008, 63(10): 1159 – 1166.

[45] Boué – Bigne F. Laser – induced breakdown spectroscopy applications in the steel industry: Rapid analysis of segregation and decarburization[J]. Spectrochimica Acta Part B: Atomic Spectroscopy, 2008, 63(10): 1122 – 1129.

[46] Zhang T L, Yan C H, Qi J, et al. Classification and discrimination of coal ash by laser – induced breakdown spectroscopy(LIBS) coupled with advanced chemometric methods[J]. Journal of Analytical Atomic Spectrometry, 2017, 32(10): 1960 – 1965.

[47] Wang Z, Yuan T B, Hou Z Y, et al. Laser – induced breakdown spectroscopy in China[J]. Frontiers of Physics, 2014, 9(4): 419 – 438.

[48] Hahn D W, Omenetto N. Laser – induced breakdown spectroscopy (LIBS), part I: review of basic diagnostics and plasma – particle interactions: still – challenging issues within the analytical plasma community[J]. Applied Spectroscopy, 2010, 64(12): 335A – 366A.

[49] Cristoforetti G, De Giacomo A, Dell'Aglio M, et al. Local thermodynamic equilibrium in laser – induced breakdown spectroscopy: beyond the McWhirter criterion[J]. Spectrochimica Acta Part B: Atomic Spectroscopy, 2010, 65(1): 86 – 95.

[50] Bulajic D, Corsi M, Cristoforetti G, et al. A procedure for correcting self – absorption in calibration free – laser induced breakdown spectroscopy[J]. Spectrochimica Acta Part B: Atomic Spectroscopy, 2002, 57(2): 339 – 353.

[51] Piepmeier E H, Malmstadt H V. Q – switched laser energy absorption in the plume of an aluminum alloy[J]. Analytical Chemistry, 1969, 41(6): 700 – 707.

[52] Scott R H, Strasheim A. Laser induced plasmas for analytical spectroscopy[J]. Spectrochimica Acta Part B: Atomic Spectroscopy, 1970, 25(7): 311 – 332.

[53] Prochazka D, Kaiser J, Novotny K, et al. Recent development of double pulse laser induced breakdown spectroscopy(DP – LIBS) setup[J]. Journal of Biochemical Technology, 2010, 2(5): S116 – S117.

[54] De Giacomo A, Dell'Aglio M, Bruno D, et al. Experimental and theoretical comparison of single – pulse and double – pulse laser induced breakdown spectroscopy on metallic samples[J]. Spectrochimica Acta Part B: Atomic Spectroscopy, 2008, 63(7): 805 – 816.

[55] Xue B Y, Tian Y, Lu Y, et al. Characteristics of the secondary breakdown of DP – LIBS in bulk water with different axial focusing arrangements and laser energies[J]. Spectrochimica Acta Part B: Atomic Spectroscopy, 2019, 151: 20 – 25.

[56] Nicolodelli G, Senesi G S, de Oliveira Perazzoli I L, et al. Double pulse laser induced breakdown spectroscopy: A potential tool for the analysis of contaminants and macro/micronutrients in organic mineral fertilizers[J]. Science of the Total Environment, 2016, 565: 1116 – 1123.

[57] De Giacomo A, Dell'Aglio M, De Pascale O, et al. From single pulse to double pulse ns – laser induced breakdown spectroscopy under water: elemental analysis of aqueous solutions and submerged solid samples[J]. Spectrochimica Acta Part B: Atomic Spectroscopy, 2007, 62(8): 721 – 738.

[58] Rifai K, Laville S, Vidal F, et al. Quantitative analysis of metallic traces in water – based liquids by UV – IR double – pulse laser – induced breakdown spectroscopy[J]. Journal of Analytical Atomic Spectrometry, 2012, 27(2): 276 – 283.

[59] Fortes F J, Cabalín L M, Laserna J J. The potential of laser – induced breakdown spectrometry for real time monitoring the laser cleaning of archaeometallurgical objects[J]. Spectrochimica Acta Part B: Atomic Spectroscopy, 2008, 63(10): 1191 – 1197.

[60] Prochazka D, Pořízka P, Novotný J, et al. Triple – pulse LIBS: laser – induced breakdown spectroscopy signal enhancement by combination of pre – ablation and re – heating laser pulses[J]. Journal of Analytical Atomic Spectrometry, 2020, 35(2): 293 – 300.

[61] Guirado S, Fortes F J, Cabalín L M, et al. Effect of pulse duration in multi – pulse excitation of silicon in laser – induced breakdown spectroscopy(LIBS)[J]. Applied Spectroscopy, 2014, 68(9): 1060 – 1066.

[62] Shen X K, Sun J, Ling H, et al. Spatial confinement effects in laser – induced breakdown spectroscopy[J]. Applied Physics Letters, 2007, 91(8): 081501.

[63] Popov A M, Colao F, Fantoni R. Enhancement of LIBS signal by spatially confining the laser – induced plasma[J]. Journal of Analytical Atomic Spectrometry, 2009, 24(5): 602 – 604.

[64] Fu Y T, Hou Z Y, Wang Z. Physical insights of cavity confinement enhancing effect in laser – induced breakdown spectroscopy[J]. Optics Express, 2016, 24(3): 3055 – 3066.

[65] Hai R, Farid N, Zhao D Y, et al. Laser – induced breakdown spectroscopic characterization of impurity deposition on the first wall of a magnetic confined fusion device: Experimental Advanced Superconducting Tokamak[J]. Spectrochimica Acta Part B: Atomic Spectroscopy, 2013, 87: 147 – 152.

[66] Rai V N, Singh J P, Yueh F Y, et al. Study of optical emission from laser – produced plasma ex-

panding across an external magnetic field[J]. Laser and Particle Beams, 2003, 21(1): 65 – 71.

[67] Guo L B, Hu W, Zhang B Y, et al. Enhancement of optical emission from laser – induced plasmas by combined spatial and magnetic confinement [J]. Optics Express, 2011, 19 (15): 14067 – 14075.

[68] Hao Z Q, Guo L B, Li C M, et al. Sensitivity improvement in the detection of V and Mn elements in steel using laser – induced breakdown spectroscopy with ring – magnet confinement[J]. Journal of Analytical Atomic Spectrometry, 2014, 29(12): 2309 – 2314.

[69] Khumaeni A, Miyabe M, Akaoka K, et al. The effect of ambient gas on measurements with microwave – assisted laser – induced plasmas in MA – LIBS with relevance for the analysis of nuclear fuel[J]. Journal of Radioanalytical and Nuclear Chemistry, 2017, 311(1): 77 – 84.

[70] Kearton B, Mattley Y. Sparking new applications [J]. Nature Photonics, 2008, 2 (9): 537 – 540.

[71] Liu Y, Baudelet M, Richardson M. Elemental analysis by microwave – assisted laser – induced breakdown spectroscopy: Evaluation on ceramics[J]. Journal of Analytical Atomic Spectrometry, 2010, 25(8): 1316 – 1323.

[72] Liu Y, Bousquet B, Baudelet M, et al. Improvement of the sensitivity for the measurement of copper concentrations in soil by microwave – assisted laser – induced breakdown spectroscopy[J]. Spectrochimica Acta Part B: Atomic Spectroscopy, 2012, 73: 89 – 92.

[73] Khumaeni A, Motonobu T, Katsuaki A, et al. Enhancement of LIBS emission using antenna – coupled microwave[J]. Optics Express, 2013, 21(24): 29755 – 29768.

[74] Wakil M A, Alwahabi Z T. Quantitative fluorine and bromine detection under ambient conditions via molecular emission [J]. Journal of Analytical Atomic Spectrometry, 2020, 35 (11): 2620 – 2626.

[75] Loudyi H, Rifaï K, Laville S, et al. Improving laser – induced breakdown spectroscopy(LIBS) performance for iron and lead determination in aqueous solutions with laser – induced fluorescence (LIF)[J]. Journal of Analytical Atomic Spectrometry, 2009, 24(10): 1421 – 1428.

[76] Jiang Y H, Kang J, Wang Y R, et al. Rapid and Sensitive Analysis of Trace Leads in Medicinal Herbs Using Laser – Induced Breakdown Spectroscopy – Laser – Induced Fluorescence(LIBS – LIF)[J]. Applied Spectroscopy, 2019, 73(11): 1284 – 1291.

[77] Goueguel C, Laville S, Vidal F, et al. Investigation of resonance – enhanced laser – induced breakdown spectroscopy for analysis of aluminium alloys[J]. Journal of Analytical Atomic Spectrometry, 2010, 25(5): 635 – 644.

[78] Rifai K, Vidal F, Chaker M, et al. Resonant laser – induced breakdown spectroscopy(RLIBS)

analysis of traces through selective excitation of aluminum in aluminum alloys[J]. Journal of Analytical Atomic Spectrometry, 2013, 28(3): 388-395.

[79] Bae D, Nam S H, Han S H, et al. Spreading a water droplet on the laser-patterned silicon wafer substrate for surface-enhanced laser-induced breakdown spectroscopy[J]. Spectrochimica Acta Part B: Atomic Spectroscopy, 2015, 113: 70-78.

[80] Yang X Y, Hao Z Q, Shen M, et al. Simultaneous determination of La, Ce, Pr, and Nd elements in aqueous solution using surface-enhanced laser-induced breakdown spectroscopy[J]. Talanta, 2017, 163: 127-131.

[81] De Giacomo A, Gaudiuso R, Koral C, et al. Nanoparticle Enhanced Laser Induced Breakdown Spectroscopy: Effect of nanoparticles deposited on sample surface on laser ablation and plasma emission[J]. Spectrochimica Acta Part B: Atomic Spectroscopy, 2014, 98: 19-27.

[82] De Giacomo A, Koral C, Valenza G, et al. Nanoparticle enhanced laser-induced breakdown spectroscopy for microdrop analysis at subppm level[J]. Analytical Chemistry, 2016, 88(10): 5251-5257.

[83] Koral C, De Giacomo A, Mao X L, et al. Nanoparticle enhanced laser induced breakdown spectroscopy for improving the detection of molecular bands[J]. Spectrochimica Acta Part B: Atomic Spectroscopy, 2016, 125: 11-17.

[84] Koral C, Dell'Aglio M, Gaudiuso R, et al. Nanoparticle-Enhanced Laser Induced Breakdown Spectroscopy for the noninvasive analysis of transparent samples and gemstones[J]. Talanta, 2018, 182: 253-258.

[85] Hahn D W, Omenetto N. Laser-induced breakdown spectroscopy(LIBS), part II: review of instrumental and methodological approaches to material analysis and applications to different fields [J]. Applied Spectroscopy, 2012, 66(4): 347-419.

[86] Giakoumaki A, Osticioli I, Anglos D. Spectroscopic analysis using a hybrid LIBS-Raman system[J]. Applied Physics A, 2006, 83(4): 537-541.

[87] Lin Q Y, Niu G H, Wang Q H, et al. Combined laser-induced breakdown with Raman spectroscopy: historical technology development and recent applications[J]. Applied Spectroscopy Reviews, 2013, 48(6): 487-508.

[88] Moros J, Laserna J J. New Raman-laser-induced breakdown spectroscopy identity of explosives using parametric data fusion on an integrated sensing platform[J]. Analytical Chemistry, 2011, 83(16): 6275-6285.

[89] Moros J, Laserna J J. Unveiling the identity of distant targets through advanced Raman-laser-induced breakdown spectroscopy data fusion strategies[J]. Talanta, 2015, 134: 627-639.

[90] Lu Y, Li Y D, Li Y, et al. Micro spatial analysis of seashell surface using laser - induced breakdown spectroscopy and Raman spectroscopy[J]. Spectrochimica Acta Part B: Atomic Spectroscopy, 2015, 110: 63 - 69.

[91] Burgio L, Melessanaki K, Doulgeridis M, et al. Pigment identification in paintings employing laser induced breakdown spectroscopy and Raman microscopy[J]. Spectrochimica Acta Part B: Atomic Spectroscopy, 2001, 56(6): 905 - 913.

[92] Osticioli I, Mendes N F C, Porcinai S, et al. Spectroscopic analysis of works of art using a single LIBS and pulsed Raman setup[J]. Analytical and Bioanalytical Chemistry, 2009, 394(4): 1033 - 1041.

[93] Hoehse M, Paul A, Gornushkin I, et al. Multivariate classification of pigments and inks using combined Raman spectroscopy and LIBS[J]. Analytical and Bioanalytical Chemistry, 2012, 402(4): 1443 - 1450.

[94] Sharma S K, Misra A K, Lucey P G, et al. A combined remote Raman and LIBS instrument for characterizing minerals with 532 nm laser excitation[J]. Spectrochimica Acta Part A: Molecular and Biomolecular Spectroscopy, 2009, 73(3): 468 - 476.

[95] Sharma S K, Misra A K, Lucey P G, et al. Combined remote LIBS and Raman spectroscopy at 8.6 m of sulfur - containing minerals, and minerals coated with hematite or covered with basaltic dust[J]. Spectrochimica Acta Part A: Molecular and Biomolecular Spectroscopy, 2007, 68(4): 1036 - 1045.

[96] Courrèges - Lacoste G B, Ahlers B, Pérez F R. Combined Raman spectrometer/laser - induced breakdown spectrometer for the next ESA mission to Mars[J]. Spectrochimica Acta Part A: Molecular and Biomolecular Spectroscopy, 2007, 68(4): 1023 - 1028.

[97] Sharma S K, Lucey P G, Ghosh M, et al. Stand - off Raman spectroscopic detection of minerals on planetary surfaces[J]. Spectrochimica Acta Part A: Molecular and Biomolecular Spectroscopy, 2003, 59(10): 2391 - 2407.

[98] Windom B C, Hahn D W. Laser ablation - laser induced breakdown spectroscopy(LA - LIBS): A means for overcoming matrix effects leading to improved analyte response[J]. Journal of Analytical Atomic Spectrometry, 2009, 24(12): 1665 - 1675.

[99] Pareja J, López S, Jaramillo D, et al. Laser ablation - laser induced breakdown spectroscopy for the measurement of total elemental concentration in soils[J]. Applied Optics, 2013, 52(11): 2470 - 2477.

[100] Kalnicky D J, Singhvi R. Field portable XRF analysis of environmental samples[J]. Journal of Hazardous Materials, 2001, 83(1/2): 93 - 122.

[101] Radel S, Schnoller J, Groschl M, et al. On chemical and ultrasonic strategies to improve a portable FT – IR ATR process analyzer for online fermentation monitoring[J]. IEEE Sensors Journal, 2010, 10(10): 1615 – 1622.

[102] Eckenrode B A, Bartick E G, Harvey S D, et al. Portable Raman spectroscopy systems for field analysis[J]. Forensic Science Communications, 2001, 3(4): 1 – 16.

[103] Armenta S, Alcala M, Blanco M. A review of recent, unconventional applications of ion mobility spectrometry(IMS)[J]. Analytica Chimica Acta, 2011, 703(2): 114 – 123.

[104] Fortes F J, Laserna J J. The development of fieldable laser – induced breakdown spectrometer: No limits on the horizon[J]. Spectrochimica Acta Part B: Atomic Spectroscopy, 2010, 65(12): 975 – 990.

[105] Rakovský J, Ĉermák P, Musset O, et al. A review of the development of portable laser induced breakdown spectroscopy and its applications[J]. Spectrochimica Acta Part B: Atomic Spectroscopy, 2014, 101: 269 – 287.

[106] Yamamoto K Y, Cremers D A, Ferris M J, et al. Detection of metals in the environment using a portable laser – induced breakdown spectroscopy instrument[J]. Applied Spectroscopy, 1996, 50(2): 222 – 233.

[107] Castle B C, Knight A K, Visser K, et al. Battery powered laser – induced plasma spectrometer for elemental determinations[J]. Journal of Analytical Atomic Spectrometry, 1998, 13(7): 589 – 595.

[108] Wainner R T, Harmon R S, Miziolek A W, et al. Analysis of environmental lead contamination: comparison of LIBS field and laboratory instruments[J]. Spectrochimica Acta Part B: Atomic Spectroscopy, 2001, 56(6): 777 – 793.

[109] Palanco S, Alises A, Cuñat J, et al. Development of a portable laser – induced plasma spectrometer with fully – automated operation and quantitative analysis capabilities[J]. Journal of Analytical Atomic Spectrometry, 2003, 18(8): 933 – 938.

[110] Cuñat J, Fortes F J, Cabalín L M, et al. Man – portable laser – induced breakdown spectroscopy system for in situ characterization of karstic formations[J]. Applied Spectroscopy, 2008, 62(11): 1250 – 1255.

[111] Cuñat J, Fortes F J, Laserna J J. Real time and in situ determination of lead in road sediments using a man – portable laser – induced breakdown spectroscopy analyzer[J]. Analytica Chimica Acta, 2009, 633(1): 38 – 42.

[112] Fortes F J, Ctvrtnícková T, Mateo M P, et al. Spectrochemical study for the in situ detection of oil spill residues using laser – induced breakdown spectroscopy[J]. Analytica Chimica Acta,

2010, 683(1): 52 - 57.

[113] Bertolini A, Carelli G, Francesconi F, et al. Modì: a new mobile instrument for in situ double - pulse LIBS analysis [J]. Analytical and Bioanalytical Chemistry, 2006, 385 (2): 240 - 247.

[114] Goujon J, Giakoumaki A, Piñon V, et al. A compact and portable laser - induced breakdown spectroscopy instrument for single and double pulse applications[J]. Spectrochimica Acta Part B: Atomic Spectroscopy, 2008, 63(10): 1091 - 1096.

[115] Bousquet B, Travaillé G, Ismaël A, et al. Development of a mobile system based on laser - induced breakdown spectroscopy and dedicated to in situ analysis of polluted soils[J]. Spectrochimica Acta Part B: Atomic Spectroscopy, 2008, 63(10): 1085 - 1090.

[116] Guirado S, Fortes F J, Lazic V, et al. Chemical analysis of archeological materials in submarine environments using laser - induced breakdown spectroscopy: On - site trials in the Mediterranean Sea[J]. Spectrochimica Acta Part B: Atomic Spectroscopy, 2012, 74 - 75: 137 - 143.

[117] Hark R R, East L J. Laser - Induced Breakdown Spectroscopy [M]. Berlin: Springer - Verlag, 2014.

[118] Vítková G, Novotný K, Prokeš L, et al. Fast identification of biominerals by means of stand - off laser - induced breakdown spectroscopy using linear discriminant analysis and artificial neural networks[J]. Spectrochimica Acta Part B: Atomic Spectroscopy, 2012, 73: 1 - 6.

[119] López - Moreno C, Palanco S, Laserna J J, et al. Test of a stand - off laser - induced breakdown spectroscopy sensor for the detection of explosive residues on solid surfaces[J]. Journal of Analytical Atomic Spectrometry, 2006, 21(1): 55 - 60.

[120] Blacic J D, Pettit D R, Cremers D A, et al. Laser - induced breakdown spectroscopy for remote elemental analysis of planetary surfaces[R]. United States: Los Alamos National Laboratory, 1992.

[121] Wiens R C, Maurice S, Barraclough B, et al. The ChemCam instrument suite on the Mars Science Laboratory(MSL) rover: Body unit and combined system tests[J]. Space Science Reviews, 2012, 170: 167 - 227.

[122] Maurice S, Wiens R C, Saccoccio M, et al. The ChemCam instrument suite on the Mars Science Laboratory(MSL) rover: Science objectives and mast unit description[J]. Space Science Reviews, 2012, 170: 95 - 166.

[123] Vítková G, Novotny K, Proke L, et al. Fast identification of biominerals by means of stand - off laser - induced breakdown spectroscopy using linear discriminant analysis and artificial neural networks[J]. Spectrochimica Acta Part B: Atomic Spectroscopy, 2012, 73: 1 - 6.

[124] López - Moreno C, Palanco S, Laserna J J, et al. Test of a stand - off laser - induced breakdown spectroscopy sensor for the detection of explosive residues on solid surfaces[J]. Journal of Analytical Atomic Spectrometry, 2006, 21(1): 55 - 60.

[125] 郭金家, 卢渊, 程凯, 等. 一种深海 LIBS 原位探测装置[P]. 中国专利, CN110426375A, 2019 - 11 - 08.

[126] 冯杰. LIBS 煤质检测研究[D]. 北京: 清华大学, 2009.

[127] 孙兰香, 于海斌, 辛勇, 等. 基于激光诱导击穿光谱的钢液成分在线监视[J]. 中国激光, 2011, 38(9): 221 - 226.

[128] 中国分析测试协会. 分析测试仪器评议: 从 BCEIA 2013 仪器展看分析技术的进展[M]. 北京: 中国质检出版社, 2017.

[129] De Juan A, Tauler R, Dyson R, et al. Spectroscopic imaging and chemometrics: a powerful combination for global and local sample analysis[J]. TrAC Trends in Analytical Chemistry, 2004, 23(1): 70 - 79.

[130] Lourenço N D, Lopes J A, Almeida C F, et al. Bioreactor monitoring with spectroscopy and chemometrics: a review[J]. Analytical and Bioanalytical Chemistry, 2012, 404(4): 1211 - 1237.

[131] 褚小立. 化学计量学方法与分子光谱分析技术[M]. 北京: 化学工业出版社, 2011.

[132] Brereton R G, Jansen J, Lopes J, et al. Chemometrics in analytical chemistry - part I: history, experimental design and data analysis tools[J]. Analytical and Bioanalytical Chemistry, 2017, 409(25): 5891 - 5899.

[133] Mandel J. Statistical methods in analytical chemistry[J]. Journal of Chemical Education, 1949, 26(10): 534.

[134] Otto M. Chemometrics: Statistics and Computer Application in Analytical Chemistry[M]. New Jersey: John Wiley & Sons, 2016.

[135] Deming S N, Michotte Y, Massart D L, et al. Chemometrics: a textbook[M]. Netherlands: Elsevier Science, 1988.

[136] Eriksson L, Antti H, Gottfries J, et al. Using chemometrics for navigating in the large data sets of genomics, proteomics, and metabonomics(gpm)[J]. Analytical and Bioanalytical Chemistry, 2004, 380: 419 - 429.

[137] Trygg J, Holmes E, Lundstedt T. Chemometrics in metabonomics[J]. Journal of Proteome Research, 2007, 6(2): 469 - 479.

[138] Zhang T L, Wu S, Tang H S, et al. Progress of chemometrics in laser - induced breakdown spectroscopy analysis[J]. Chinese Journal of Analytical Chemistry, 2015, 43(6): 939 - 948.

[139]Gottfried J L. Chemometric analysis in LIBS[J]. Handbook of Laser – Induced Breakdown Spectroscopy, 2013: 223 – 255.

[140]Zhang T L, Tang H S, Li H. Chemometrics in laser – induced breakdown spectroscopy[J]. Journal of Chemometrics, 2018, 32(11): e2983.

[141]Zhang B, Sun L X, Yu H B, et al. Wavelet denoising method for laser – induced breakdown spectroscopy[J]. Journal of Analytical Atomic Spectrometry, 2013, 28(12): 1884 – 1893.

[142]Xie S C, Xu T, Han X D, et al. Accuracy improvement of quantitative LIBS analysis using wavelet threshold de noising[J]. Journal of Analytical Atomic Spectrometry, 2017, 32(3): 629 – 637.

[143]Zhang B, Sun L X, Yu H B. An improving method for background correction in laser induced breakdown spectroscopy[J]. Applied Mechanics and Materials, 2015, 751: 86 – 91.

[144]De Lucia Jr F C, Gottfried J L. Influence of variable selection on partial least squares discriminant analysis models for explosive residue classification[J]. Spectrochimica Acta Part B: Atomic Spectroscopy, 2011, 66(2): 122 – 128.

[145]Myakalwar A K, Spegazzini N, Zhang C, et al. Less is more: Avoiding the LIBS dimensionality curse through judicious feature selection for explosive detection[J]. Scientific Reports, 2015, 5: 13169.

[146]Pontes M J C, Cortez J, Galvão R K H, et al. Classification of Brazilian soils by using LIBS and variable selection in the wavelet domain[J]. Analytica Chimica Acta, 2009, 642(1 – 2): 12 – 18.

[147]Uhr L M. Pattern recognition: theory, experiment, computer simulations, and dynamic models of form perception and discovery[M]. New Jersey: John Wiley & Sons, 1966.

[148] Fukunaga K. Introduction to statistical pattern recognition [M]. Pittsburgh: Academic Press, 2013.

[149]Jain A K, Duin R P W, Mao J. Statistical pattern recognition: A review[J]. IEEE Transactions on Pattern Analysis and Machine Intelligence, 2000, 22(1): 4 – 37.

[150]Kim G, Kwak J, Kim K R, et al. Rapid detection of soils contaminated with heavy metals and oils by laser induced breakdown spectroscopy (LIBS) [J]. Journal of Hazardous Materials, 2013, 263: 754 – 760.

[151]Yu K Q, Zhao Y R, Liu F, et al. Laser – induced breakdown spectroscopy coupled with multivariate chemometrics for variety discrimination of soil[J]. Scientific Reports, 2016, 6: 27574.

[152]Myakalwar A K, Sreedhar S, Barman I, et al. Laser – induced breakdown spectroscopy – based investigation and classification of pharmaceutical tablets using multivariate chemometric analysis[J].

Talanta, 2011, 87: 53 – 59.

[153] Tian Y, Wang Z N, Han X S, et al. Comparative investigation of partial least squares discriminant analysis and support vector machines for geological cuttings identification using laser – induced breakdown spectroscopy[J]. Spectrochimica Acta Part B: Atomic Spectroscopy, 2014, 102: 52 – 57.

[154] Zaytsev S M, Popov A M, Chernykh E V, et al. Comparison of single – and multivariate calibration for determination of Si, Mn, Cr and Ni in high alloyed stainless steels by laser – induced breakdown spectrometry[J]. Journal of Analytical Atomic Spectrometry, 2014, 29(8): 1417 – 1424.

[155] Gu Y H, Li Y, Tian Y, et al. Study on the Multivariate Quantitative Analysis Method for Steel Alloy Elements Using LIBS [J]. Spectroscopy and Spectral Analysis, 2014, 34(8): 2244 – 2249.

[156] Shi Q, Niu G H, Lin Q Y, et al. Quantitative analysis of sedimentary rocks using laser – induced breakdown spectroscopy: comparison of support vector regression and partial least squares regression chemometric methods [J]. Journal of Analytical Atomic Spectrometry, 2015, 30(12): 2384 – 2393.

[157] Zhang T L, Liang L, Wang K, et al. A novel approach for the quantitative analysis of multiple elements in steel based on laser – induced breakdown spectroscopy(LIBS) and random forest regression(RFR)[J]. Journal of Analytical Atomic Spectrometry, 2014, 29(12): 2323 – 2329.

2 激光诱导击穿光谱技术在煤炭元素分析中的应用

引言

煤主要由有机质和少量矿物质构成，而碳和硫元素是构成煤炭有机质的主要组成元素。了解煤中有机质的化学组成，对于认识煤的各种性质及其在加工利用过程中变化的实质具有重要意义。碳元素是煤中主要的有机成分，是评价煤质的重要指标，可用来快速评估煤炭热值。硫元素则是煤中的有害成分之一。煤燃烧生成的二氧化硫不仅会产生酸雨，污染环境，破坏生态平衡，还会引起设备和管道的腐蚀，缩短其使用寿命。除此之外，煤中碳和硫元素的含量还影响煤的价格以及化学燃烧性能。因此，发展应用价格低廉且高效的技术测定煤中碳和硫元素的含量对于化学评价燃料的价格及其用途具有重要意义。

LIBS 光谱作为一种原子发射光谱技术，具有快速、多元素同时分析，无须复杂样品预处理，无损分析以及原位分析等特点。煤中碳和硫元素在 LIBS 光谱中都有其一系列发射谱线，因此，可以通过 LIBS 特征线强度与元素含量之间的关系完成煤中碳和硫元素的定量分析。然而，由于实验参数的不可控波动，样品表面的不均匀性以及物理化学基体效应的影响，传统的单变量方法不能客观展现 LIBS 光谱强度与元素含量之间的关系。近年来，化学计量学中多元校正方法如偏最小二乘、支持向量机、随机森林和人工神经网络等在 LIBS 光谱定量分析中得到了广泛应用。然而，这些算法本身存在一些固有问题，阻碍了其在 LIBS 光谱中的应用。例如，人工神经网络需通过梯度迭代方法优化参数，导致其训练过程非常缓慢且容易陷入局部最优。因此，许多学习速度快且具有良好泛化性能的新算法被提出用于克服以上缺点。

极限学习机作为一个相对较新的非线性多元分析方法，在分类和回归问题中都表现出优良的性能。与基于梯度迭代的人工神经网络算法不同，极限学习机随机生成初始输入层与隐含层之间的权重和偏置，同时通过最小二乘方法对隐含层与输出层之间的权重进行选择。因此，极限学习机算法能够有效避免传统神经网络方法训练速度慢与过拟合的问题。然而，由于极限学习机算法在建模过程中需要随机生成输入层与隐含层之间的权重和偏置，导致其分析结果不稳定，即使在隐藏节点固定的情况下，极限学习机仍然会产生不同的预测结果。为解决此问题，Huang 等提出了一种核极限学习机算法。在核极限学习机中，极限学习机中的隐含层特征映射被核函数取代，在使用过程中只要核函数的参数确定，便可以获得唯一的最优解。因此，将核极限学习机算法与 LIBS 技术结合对煤中碳和硫元素进行快速测定具有广阔的应用前景。

2.1 核极限学习机算法

核极限学习机(Kernel Extreme Learning Machine，KELM)作为一种新的快速学习算法，用以训练单隐藏层前馈神经网络(Single - hidden layer feedforward neural network，SLFN)的发展。极限学习机的主要思想是隐含层参数不需迭代学习而是随机分配。而且使用极限学习机算法训练的 SLFN 具有全局逼近的特性。

对于极限学习机算法，给定一个训练集 $X=\{(x_i,\ t_i)\mid x_i\in R^d, t_i\in R^m,\ i=1,\ \cdots,\ N\}$，其输出函数如下：

$$f_L(x)=\sum_{i=1}^{L}\beta_i h_i(x)=h(x)\boldsymbol{\beta} \tag{2-1}$$

式中，$\boldsymbol{\beta}=[\beta_1,\ \cdots,\ \beta_L]^{\mathrm{T}}$ 为连接第 i 个隐藏节点和输出节点的权重向量；$h(x)=[h_1(x),\ \cdots,\ h_{\mathrm{L}}(x)]$为输入向量 x 所对应的隐含层输出，$h(x)$实际上是一个非线性特征映射。

不同于一些传统的学习算法，极限学习机倾向于达到最小的训练误差和最小的输出权重。因此，极限学习机算法具有较好的泛化性能，其表达式为：

$$\text{Minimize}:\ \|\boldsymbol{H\beta}-T\|^2 \text{and} \|\boldsymbol{\beta}\| \tag{2-2}$$

其中 $\boldsymbol{H}$ 为隐含层输出矩阵：

$$\boldsymbol{H}=\begin{bmatrix} h(x_1) \\ \vdots \\ h(x_N) \end{bmatrix}=\begin{bmatrix} h_1(x_1) & \cdots & h_{\mathrm{L}}(x_1) \\ \vdots & \vdots & \vdots \\ h_1(x_N) & \cdots & h_{\mathrm{L}}(x_N) \end{bmatrix} \tag{2-3}$$

权重向量$\boldsymbol{\beta}$ 通过极小范数最小二乘方法获得，并且引入一个参数 C 以提高极限学习机的稳定性，其表达式为：

$$\beta = \boldsymbol{H}^{+} T = H^{\mathrm{T}} \left(\frac{1}{C} + \boldsymbol{H}\boldsymbol{H}^{\mathrm{T}} \right)^{-1} T \tag{2-4}$$

式中，$\boldsymbol{H}^{+}$ 为隐含层输出矩阵 $\boldsymbol{H}$ 的 Moore - Penrose 广义逆。

故输出函数可表示为：

$$f(x) = \sum_{i=1}^{L} \beta_i h_i(x) = h(x)\boldsymbol{\beta} = h(x) \left(\frac{1}{C} + \boldsymbol{H}^{\mathrm{T}}\boldsymbol{H} \right)^{-1} \boldsymbol{H}^{\mathrm{T}} T \tag{2-5}$$

为进一步增强极限学习机的泛化能力和稳定性，Huang 将核函数引入极限学习机中，提出了核极限学习机算法。如果特征映射是未知的，可定义一个如下核矩阵：

$$\Omega_{\mathrm{ELM}} = \boldsymbol{H}\boldsymbol{H}^{\mathrm{T}}\text{：} \Omega_{\mathrm{ELM}\,i,j} = h(x_i) \cdot h(x_j) = K(x_i,\ x_j) \tag{2-6}$$

故对于 KELM，输出函数可表示为：

$$f(x) = h(x) \left(\frac{1}{C} + \boldsymbol{H}\boldsymbol{H}^{\mathrm{T}} \right)^{-1} T = \begin{bmatrix} K(x,\ x_1) \\ \vdots \\ K(x,\ x_N) \end{bmatrix}^{\mathrm{T}} \left(\frac{1}{C} + \Omega_{\mathrm{ELM}} \right)^{-1} T \tag{2-7}$$

对于 KELM，不同的问题可以运用不同的核函数解决，如线性函数、小波函数和径向基函数等。在本文中，使用的核函数均为径向基函数。

$$K(u,\ v) = \exp(-\gamma \, \| u - v \|^2) = \exp\left(-\frac{1}{2\sigma^2} \| u - v \|^2 \right) \tag{2-8}$$

核极限学习机算法计算步骤包括：①随机分配核参数 u_i 和 σ_i；②计算隐含层输出矩阵 $\boldsymbol{H}$；③计算输出权重 $\beta = \boldsymbol{H}^{+} T$，其中 $T = [t_1,\ t_2,\ \cdots,\ t_N]^{\mathrm{T}}$，$\boldsymbol{H}^{+}$ 是隐含层输出矩阵 $\boldsymbol{H}$ 的广义逆。

2.2 LIBS 光谱采集与解析

2.2.1 LIBS 光谱采集

在进行 LIBS 光谱采集之前，先将每个粉末样品在 20MPa 压力下持续 5min 压制成片。LIBS 测量过程中使用脉冲宽度为 10ns 的 Nd：YAG 激光器（Dawa - 300，1064nm，Beamtech Optronics Co.，Ltd.）作为激发光源，激光脉冲能量为

90mJ，最大重复率为10Hz。测定过程中，样品直接放置在一个可手动微调的X-Y-Z平台上。激光束通过一个焦距为50mm的透镜聚焦到样品表面烧蚀样品产生等离子体，样品表面烧蚀坑直径约为0.2mm。等离子体辐射光通过一个与激光束成45°角的准直透镜耦合到光纤，然后传入光谱仪(LIBS2500-3PLUS，Ocean Optics，USA)。光谱仪的电荷耦合器件(Charge-Coupled Device，CCD)可将光信号转换为电信号。所有实验均在大气压下进行，实验所用延迟时间为3μs，门宽为100μs。在光谱采集过程中，每个片随机选择20个不同的位置。另外，为了减少激光脉冲波动，提高谱线信噪比，每个测量光谱通过累计10次激光脉冲获得。最终，每个样品共获得20个光谱，分析光谱通过平均20个光谱获得。

2.2.2 LIBS光谱解析

从图2-1可以看出，不同样品的LIBS光谱特征线强度存在差异，说明可以通过LIBS光谱实现煤中元素含量的测定。图2-2为一个样品的平均LIBS光谱，并基于美国国家标准与技术研究院(National Institute of Standards and Technology，NIST)数据库识别出煤样品中碳和硫元素的特征谱线。对于碳元素，尽管在煤样品中的含量很高，但由于其为非金属元素，很难被激发，因此仅4条谱线C Ⅰ 247.86nm、C Ⅱ 283.76nm、C Ⅰ 833.52nm和C Ⅰ 940.57nm被识别。对于硫元素，同样作为非金属元素，仅识别出一条特征谱线S Ⅱ 543.28nm。并且由于煤样品中硫元素含量较低，导致特征线强度也较弱，直接基于元素特征线进行定量分析容易导致结果的准确性较差。此外，由于LIBS光谱中基体效应和自吸收效应的影响，特征线强度与元素含量之间的关系可能是非线性的。因此，发展基于核极限学习机的多元非线性校正方法有助于提高煤中碳和硫元素定量分析结果的准确性。

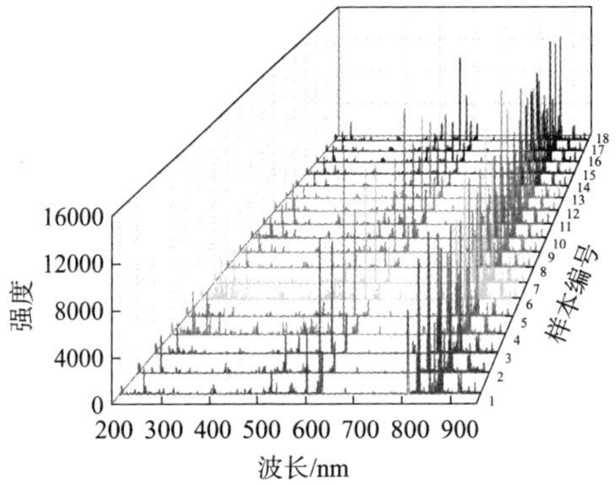

图2-1　18个训练集样本在200~950nm范围内的平均LIBS光谱

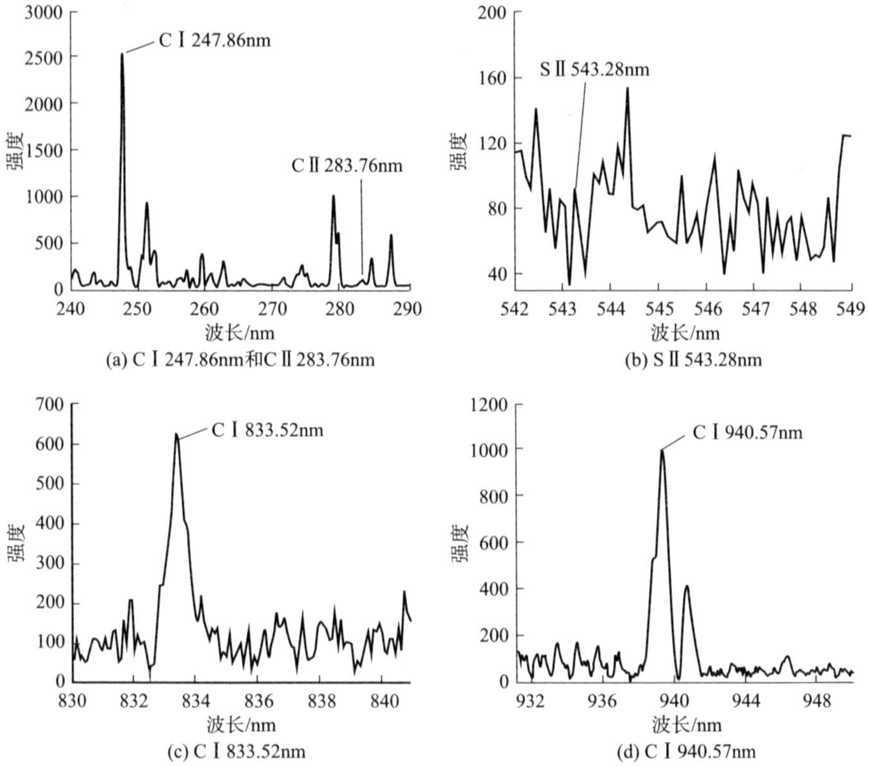

图 2-2 代表性煤炭样品的平均 LIBS 光谱图

2.3 煤中碳和硫元素分析

2.3.1 KELM 校正模型构建

对 26 个煤标准样品进行分析以验证所提出方法的可行性。在建模过程中，从 26 个煤样品中随机选择 18 个样品组成校正集构建校正模型，剩余 8 个样品作为测试集对校正模型预测性能进行评估。采用径向基核函数建立 KELM 模型，惩罚参数 C 和核参数 γ 对 KELM 的泛化性能具有重要影响。因此，使用网格搜索结合 5-折交叉验证在 $2^{-5} \sim 2^{20}$ 范围内基于步长 2^1 对 KELM 的惩罚参数 C 和核参数 γ 进行优化，RMSE 值作为评价指标。最终，碳元素最优的(C，γ)为(2^8，2^{12})；硫元素最优的(C，γ)为(2^{15}，2^7)。

LIBS 技术获得的原始光谱中除了样品信息外还包含很多背景以及噪声信号。如图 2 –2 所示，硫特征线周围存在很多干扰峰。除此之外，由于等离子体形成条件的波动，不同谱线位置也存在着差异。因此，为了构建一个可靠、精确以及稳健的校正模型，光谱预处理是十分必要的。在本章中，使用 3 个较常用且有效的方法(标准正态变换、中心化和最大值归一化) 对 LIBS 光谱进行预处理。从图 2 –3 中可以看出，对于碳元素和硫元素的定量分析，标准正态变换均对应最优的 RMSE 和 R^2值。为了减小噪声信号的影响，进一步使用小波变换对经过标准正态变换处理后的光谱进行噪声滤除。从图 2 –3 可以看出，对于碳元素的定量分析，RMSE 和 R^2值均有明显的改善，说明使用小波变换作为预处理方法可进一步提高模型预测的准确性。但是对于硫元素的定量分析，RMSE 和 R^2值并没有明显的改善。故用于碳元素定量分析的有效预处理方法为标准正态变换 – 小波变换，而用于硫元素定量分析有效的预处理方法为标准正态变换。

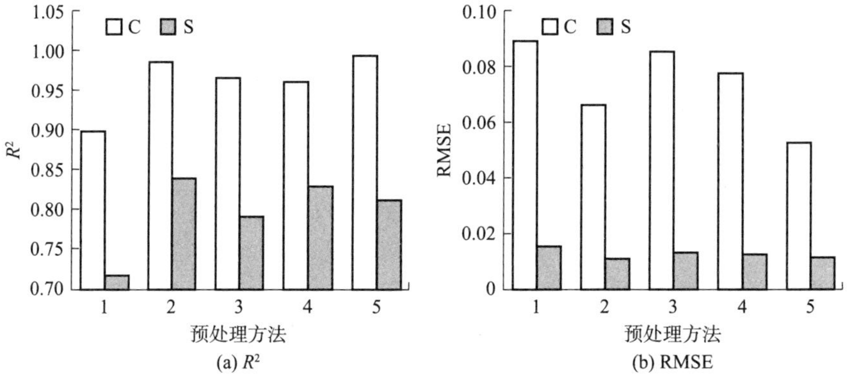

(a) R^2　　(b) RMSE

1：原始光谱；2：标准正态变换；3：中心变换；4：最大值归一化；5：标准正态变换–小波变换

图 2 –3　不同预处理方法对 KELM 校正模型预测性能的影响

此外，从图 2 –3 可以看出，对于碳元素，所有预处理方法对应的 R^2值均在 0. 95 以上。但是对于硫元素，最优预处理方法对应的 R^2 值不到 0. 85。这说明用于硫元素定量分析的校正模型性能较差，使用该模型对未知样品中硫元素进行分析会影响预测结果的准确性。产生这种结果的原因可能是全谱中包含太多的冗杂信息，从而导致硫元素定量分析结果准确性较差。因此，需通过对不同输入变量进行优化进一步提高模型的定量分析性能。基于图 2 –2 中硫元素的特征谱线，对 500 ~600nm、500 ~580nm、520 ~580nm 和 540 ~580nm 4 个波段进行了优化。从图 2 –4 可以看出，波段 520 ~580nm 对应最高的 R^2和最小的 RMSE 值，故选择波段 520 ~ 580nm 包含的变量构建 KELM 校正模型对硫元素进行定量分析。

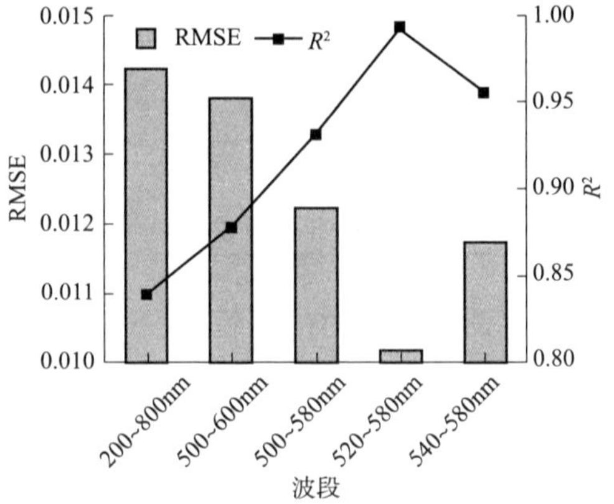

图 2－4 不同波段对 KELM 校正模型定量分析性能的影响

2.3.2 校正模型预测能力验证

基于构建的 KELM 模型对煤中碳和硫元素进行定量分析，为了验证模型预测性能，结果与 SVM、LS－SVM 和 BP－ANN 模型获得的结果进行对比。首先，基于网格搜索结合 5－折交叉验证对 SVM 和 LS－SVM 的两个参数 C 和 γ 进行了优化。其次，基于梯度迭代对 BP－ANN 的学习率和隐含层神经元个数进行了优化。最后，对于碳元素，SVM 的最佳参数 C 和 γ 分别为 27.8576 和 0.0039，LS－SVM 的最佳参数 C 和 γ 分别为 80 和 14404，BP－ANN 的最佳学习率和隐含层神经元个数分别为 0.001 和 300；对硫元素，SVM 的最佳参数 C 和 γ 分别为 3.0134 和 0.0068，LS－SVM 的最佳参数 C 和 γ 分别为 69 和 74395，BP－ANN 的最佳学习率和隐含层神经元个数分别为 0.01 和 20。

基于 5－折交叉验证对 KELM、SVM、LS－SVM 和 BP－ANN 4 个校正模型的预测能力进行验证，结果如表 2－1 所示。从表 2－1 可以看出，对于碳和硫两个元素，4 个模型所获得的 R^2 值均在 0.95 以上，但 KELM 模型稍优于其他 3 个模型。此外，对于碳元素，KELM 模型获得的 RMSE 值比 SVM 和 LS－SVM 模型的降低约 4 个百分点，比 BP－ANN 模型的降低约 12 个百分点；对硫元素，KELM 模型获得的 RMSE 值比 SVM 模型的降低约 0.6 个百分点，比 LS－SVM 模型的降低约 0.3 个百分点，比 BP－ANN 模型的降低约 0.9 个百分点。以上结果表明，4 个模型中，KELM 模型对于碳和硫元素均具有最优的预测性能。

表 2－1　不同校正模型用于煤中碳和硫元素分析的 5－折交叉验证结果

元素	KELM		SVM		LS－SVM		BP－ANN	
	R^2	RMSE (wt/%)	R^2	RMSE (wt/%)	R^2	RMSE (wt/%)	R^2	RMSE (wt/%)
碳	0.9997	0.2486	0.9917	5.0413	0.9943	4.1917	0.9671	12.6739
硫	0.9979	0.1119	0.9580	0.7757	0.9890	0.4649	0.9809	1.0714

基于构建校正模型，对测试集中的碳和硫元素进行分析。表 2－2 给出了 4 个模型的预测结果，即 RMSE 和 R^2值。从表 2－2 中可以看出，对于碳元素的定量分析，KELM 模型的 R^2 和 RMSE 值分别为 0.9994 和 0.3762%；对于硫元素，R^2和 RMSE 值分别为 0.9832 和 0.7704%。相对较高的 R^2值及相对较低的 RMSE 值说明煤中碳元素的预测可靠性优于硫元素。导致这种结果的原因可能是煤中硫元素的含量较低，产生的特征线强度较弱，从而具有较低的信噪比。除此之外，其他元素谱线对硫元素谱线的干扰也可能是其预测准确性较差的原因。然后，将 KELM 模型的预测结果与 SVM、LS－SVM 和 BP－ANN 模型的结果进行对比。结果表明，对于碳元素和硫元素的定量分析，KELM 模型获得的 RMSE 值明显低于其他 3 个模型。此外，4 个模型获得的 R^2值均高于 0.93，说明具有较好的线性关系，但是最好的 R^2值仍由 KELM 模型获得。综上，KELM 模型对于煤中碳和硫元素的分析均显示出较好的预测性能。

表 2－2　不同校正模型用于煤中碳和硫分析的预测结果

元素	KELM		SVM		LS－SVM		BP－ANN	
	R^2	RMSE (wt/%)	R^2	RMSE (wt/%)	R^2	RMSE (wt/%)	R^2	RMSE (wt/%)
碳	0.9994	0.3762	0.9485	5.5791	0.9356	5.0273	0.9317	14.6857
硫	0.9832	0.7704	0.9572	1.6179	0.9686	1.5944	0.9413	2.0655

构建基于 LIBS 光谱的 KELM 模型对煤中碳和硫元素进行测定，首先通过 5－折交叉验证对不同的预处理方法、输入变量以及模型参数进行了优化；其次基于优化后的 KELM 校正模型对煤中碳和硫元素进行定量分析；最后将 KELM 模型预测性能与 SVM、LS－SVM 和 BP－ANN 模型进行了对比。结果表明，对于碳元素和硫元素的定量分析，KELM 模型获得了最优的预测性能，其中碳元素的最优 RMSE 和 R^2 分别为 0.3762% 和 0.9994，硫元素的最优 RMSE 和 R^2 分别为 0.7704%

和0.9832。总之，相比其他建模方法，KELM算法具有学习速度快和泛化性能好的优势，与LIBS技术相结合可实现煤中元素含量的准确快速分析。

参考文献

[1] Zhang T L, Wu S, Dong J, et al. Quantitative and classification analysis of slag samples by laser induced breakdown spectroscopy (LIBS) coupled with support vector machine (SVM) and partial least square (PLS) methods[J]. Journal of Analytical Atomic Spectrometry, 2015, 30(2): 368 - 374.

[2] Chen T B, Zhang L Y, Huang L, et al. Quantitative analysis of chromium in pork by PSO - SVM chemometrics based on laser induced breakdown spectroscopy[J]. Journal of Analytical Atomic Spectrometry, 2019, 34(5): 884 - 890.

[3] Ruan F Q, Qi J, Yan C H, et al. Quantitative detection of harmful elements in alloy steel by LIBS technique and sequential backward selection - random forest (SBS - RF)[J]. Journal of Analytical Atomic Spectrometry, 32(11): 2194 - 2199.

[4] Wu S, Zhang T L, Tang H S, et al. Quantitative analysis of nonmetal elements in steel using laser - induced breakdown spectroscopy combined with random forest[J]. Analytical Methods, 2015, 7(6): 2425 - 2432.

[5] Wang T, Jiao L, Yan C H, et al. Simultaneous quantitative analysis of four metal elements in oily sludge by laser induced breakdown spectroscopy coupled with wavelet transform - random forest (WT - RF)[J]. Chemometrics and Intelligent Laboratory Systems, 2019, 194: 103854.

[6] Li K H, Guo L B, Li C M, et al. Analytical - performance improvement of laser - induced breakdown spectroscopy for steel using multi - spectral - line calibration with an artificial neural network[J]. Journal of Analytical Atomic Spectrometry, 2015, 30(7): 1623 - 1628.

[7] D'Andrea E, Pagnotta S, Grifoni E, et al. An artificial neural network approach to laser - induced breakdown spectroscopy quantitative analysis[J]. Spectrochimica Acta Part B: Atomic Spectroscopy, 2014, 99: 52 - 58.

[8] Huang G B, Zhu Q Y, Siew C K. Extreme learning machine: a new learning scheme of feedforward neural networks[C]//2004 IEEE International Joint Conference on Neural Networks. 2004, 2: 985 - 990.

[9] Huang G B, Zhu Q Y, Siew C K. Extreme learning machine: theory and applications[J]. Neurocomputing, 2006, 70(1): 489 - 501.

[10] Huang G B, Zhou H, Ding X, et al. Extreme learning machine for regression and multiclass

classification[J]. IEEE Transactions on Systems, Man, and Cybernetics, Part B(Cybernetics), 2012, 42(2): 513-529.

[11] Rong H J, Ong Y S, Tan A H, et al. A fast pruned-extreme learning machine for classification problem[J]. Neurocomputing, 2008, 72(1): 359-366.

[12] Huang G B, Ding X, Zhou H. Optimization method based extreme learning machine for classification[J]. Neurocomputing, 2010, 74(1/3): 155-163.

[13] Yuan Y B, Wang Y G, Cao F L. Optimization approximation solution for regression problem based on extreme learning machine[J]. Neurocomputing, 2011, 74(16): 2475-2482.

[14] MartíNez-MartíNez J M, Escandell-Montero P, Soria-Olivas E, et al. Regularized extreme learning machine for regression problems[J]. Neurocomputing, 2011, 74(17): 3716-3721.

[15] Yang Y M, Wang Y N, Yuan X F. Bidirectional extreme learning machine for regression problem and its learning effectiveness[J]. IEEE Transactions on Neural Networks and Learning Systems, 2012, 23(9): 1498-1505.

[16] Shamshirband S, Mohammadi K, Yee L, et al. A comparative evaluation for identifying the suitability of extreme learning machine to predict horizontal global solar radiation[J]. Renewable and Sustainable Energy Reviews, 2015, 52: 1031-1042.

[17] Wong P K, Wong K I, Vong C M, et al. Modeling and optimization of biodiesel engine performance using kernel-based extreme learning machine and cuckoo search[J]. Renewable Energy, 2015, 74: 640-647.

[18] Huang G B, Siew C K. Extreme Learning Machine with Randomly Assigned RBF Kernels[J]. International Journal of Information Technology, 2005, 11(1): 16-24.

[19] http://physics.nist.gov/PhysRefData/Handbook/periodictable.htm.

3 激光诱导击穿光谱技术在煤炭灰分、挥发分和热值分析中的应用

引言

煤质分析，除了碳、氢、氧、氮和硫等元素分析外，还包括工业分析、热值分析。灰分和挥发分是煤炭工业分析的两个重要指标。其中灰分是煤炭在规定条件下完全燃烧后的固体残留物，对煤炭的加工利用过程产生负面影响，同时还会对环境造成污染。而挥发分是煤炭中有机质受热分解析出的一部分气态和蒸汽产物，不仅可以用于表征煤阶，也可以表征煤的焦化、液化及燃烧特性。热值则反映了煤炭的使用价值，也是评价煤炭燃烧特性的主要参数。对以上 3 种指标进行测定，有助于了解煤炭的组成和使用性质，对于煤炭的清洁高效利用具有重要意义。

LIBS 作为一种元素分析技术，除了可用于煤中元素的测定，还可用于灰分、挥发分和热值等指标的检测。Gaft 等发展了一种在线 LIBS 装置，用于煤炭灰分的分析，获得的结果与瞬发伽马中子活化分析技术获得的结果之间的决定系数为 0.72。Haider 等设计了一种基于 LIBS 的简单技术以估算煤炭的灰分含量，测得的结果与实际灰分含量之间具有很好的相关性（$r = 0.99$）。Ctvrtnickova 等应用 LIBS 结合热力学分析测定煤结渣指数。结果表明，LIBS 可替代耗时且昂贵的电感耦合等离子体发射光谱技术用于测定基于化学成分的指标。

在使用 LIBS 对煤炭灰分、挥发分及热值进行分析时，由于样品本身的复杂性及环境、仪器等各种因素的影响，传统的单变量分析方法可能无法完全准确地表示 LIBS 光谱强度与所测指标之间的关系，从而影响分析结果的准确性。KELM 作为一种非线性多元校正方法，因其学习速度快和泛化性能好而获得了广泛的认

可。然而由于煤样品的复杂性，获得的每条 LIBS 光谱通常包含成千上万个变量，其中除了样品信息外还包括很多噪声和冗余信息。如果将所有光谱数据用于分析，则很容易产生“维度灾难”问题，从而严重影响 KELM 模型的预测能力和计算效率。Yuan 等利用煤中有机元素谱线强度、水分和灰分含量建立了热值测定的非线性多元主因子 PLS 模型，并与常规的 PLS 模型进行了对比。结果表明多元主因子 PLS 模型具有较好的预测性能。Lu 等使用 LIBS 结合 ANN 对煤炭总热值进行快速测定，并根据物理机制和数学意义对输入变量进行了选择。上述文献表明，可通过相关元素的特征线强度实现煤质指标的分析。但是由于 LIBS 光谱中的基体效应和自吸收效应，无法明确哪些谱线和所测指标是相关的。因此，对 LIBS 光谱执行自动变量筛选从而获得一组最佳光谱变量，对于降低模型计算复杂度、提高模型的预测性能是非常重要的。

使用合适的变量选择方法对于提高基于 LIBS 光谱的 KELM 模型的预测性能至关重要。近年来，遗传算法、模拟退火、粒子群优化和蚁群优化等许多元启发式算法在光谱变量选择方面得到了广泛应用并取得了较理想的结果。其中，粒子群优化以其简单、易于实现、收敛速度快及参数少的优点在光谱变量选择中得到越来越多的关注。粒子群优化是由 Eberhart 和 Kennedy 于 1995 年提出的一种随机全局优化方法，其灵感来自模拟鸟类或鱼类等种群的社会行为，并已成功应用于解决许多优化问题。但粒子群优化不能有效解决离散及组合优化问题。因此，Kennedy 和 Eberhart 提出了离散粒子群优化以解决离散空间优化问题。

3.1 粒子群优化算法

粒子群优化(Particle Swarm Optimization，PSO)是目前最流行的基于群体寻优策略的优化技术之一。类似于进化算法，粒子群优化在 D 维搜索空间中初始化一群粒子，每个粒子代表优化问题的一个候选解。所有粒子都有一个通过适应度函数获得的适应度值，每个粒子还有一个决定其飞行方向的速度。在搜索空间中寻找最优解时，粒子的运动方向受其自身最好位置(称为个人最佳，*pbest*)以及群体最好位置(称为全局最佳，*gbest*)的指引。以第 i 个粒子为例，其在迭代次数为 t

时的位置和速度可分别表示为 $x_i^{\ t} = [x_{i1}^{\ t},\ x_{i2}^{\ t},\ \cdots,\ x_{id}^{\ t}]$ 和 $v_i^{\ t} = [v_{i1}^{\ t},\ v_{i2}^{\ t},\ \cdots,\ v_{id}^{\ t}]$，并且粒子根据公式(3－1)和公式(3－2)迭代更新其位置和速度：

$$v_{id}^{\ t+1} = \omega \times v_{id}^{\ t} + c_1 \times r_1 \times (pbest_{id}^{\ t} - x_{id}^{\ t}) + c_2 \times r_2 \times (gbest_{id}^{\ t} - x_{id}^{\ t}) \quad (3-1)$$

$$x_{id}^{\ t+1} = x_{id}^{\ t} + v_{id}^{\ t+1} \quad (3-2)$$

式中，c_1 和 c_2 是学习速率，ω 是惯性权重，由 Shi 和 Eberhart 是引入。$v_{id} \in [-v_{\max},\ v_{\max}]$，其中 $v_{\max}$ 是预定义的最大速度，r_1 和 r_2 是 $[0,\ 1]$ 之间的两个随机数。

在本节中，使用离散二进制粒子群优化找到具有强预测能力的特征子集。假设总共有 N 个特征，粒子的位置由长度为 N 的二进制字符串表示，每个字符代表一个特征，“1”表示该特征被选择，“0”表示该特征未被选择。

在设计适应度函数的过程中，同时考虑了预测准确度和特征子集长度。因此，预测准确度高，特征子集长度短的粒子具有好的适应度值，适应度函数定义如下：

$$Fitnessvalue = \alpha \times RMSE + \beta \times \frac{L}{N_{\mathrm{F}}} \quad (3-3)$$

式中，$RMSE$ 是均方根误差，L 是所选特征子集的长度，N_{F} 是特征的总数，α 和 β 分别是预测准确度和特征子集长度的权重值，其中 $\alpha \in [0,\ 1]$，$\beta = 1 - \alpha$。

惯性权重是用于控制全局和局部平衡的因素，其值对粒子群优化的收敛性有一定影响。可使用如下公式进行惯性权重设置：

$$\omega = 0.1 + \frac{I_{\max} - I_{\mathrm{current}}}{I_{\max}}(\omega_{\max} - 0.1) \quad (3-4)$$

式中，$I_{\max}$ 和 I_{current} 分别是最大迭代次数和当前迭代次数，$\omega_{\max}$ 是最大惯性权重。

使用 PSO 进行变量提取的具体步骤如下：①初始化粒子群参数；②对输入变量进行二进制编码，每个编码代表一个变量，“1”代表该变量被选择，“0”代表该变量未被选择；③根据公式 3－3 计算粒子适应度；④根据粒子适应度，基于公式(3－1)和公式(3－2)更新个体最优值及全局最优值；⑤判断是否达到最大迭代次数，若达到则把群体最优位置转化为相应的特征子集返回，否则返回步骤③继续迭代。

3.2 LIBS 光谱采集与解析

3.2.1 LIBS 光谱采集

28 个煤炭标准样本(粉末)用于验证 LIBS 技术结合 KELM 和变量选择策略测定灰分、挥发分和热值的可行性。在建模过程中，随机选取 20 个样品作为校正集构建校正模型，其余 8 个样品作为测试集。在进行 LIBS 光谱采集之前，将每个粉末样品在 28MPa 压力下持续 5min 压制成片。然后使用 1064nm Q 开关 Nd：YAG 激光器(Dawa – 300，Beamtech Optronics Co.，Ltd.)和 Echelle 光谱仪(Aryelle 150，LTB，Germany)进行分析，其中激光脉冲时间设置为 1ns，重复频率为 10Hz，激光能量为 80mJ。实验过程中，所有煤样直接放置在可手动微调的 X – Y – Z 样品台上，在大气压下进行测量。激光束通过焦距为 50mm 的透镜聚焦到样品表面上烧蚀样品并产生等离子体，烧蚀坑直径为 200μm。等离子体辐射光通过焦距为 7mm 的熔融石英准直透镜耦合到光纤(1000nm 核心直径和 0.22 数值孔径)，然后传输到中阶梯光栅光谱仪($\lambda/\Delta\lambda = 6000$，220 ~ 720nm)。光谱仪耦合有电子倍增电荷耦合器件(Electronic Multiplying Charge – Coupled Devices，EMCCD)(QImaging，UV 增强，1004 × 1002 像素，美国)可用于检测分散光。在光谱仪入口狭缝前装有机械斩波器防止 EMCCD 检测来自等离子体的早期连续辐射。实验的最佳延迟时间设置为 3μs，门宽设置为 2ms。并使用 Hg – Ar 灯校准 LIBS 光谱的波长。另外，由于 LIBS 光谱的准确度和精度易受到样品不均匀性的影响，因此测定过程中对每个片随机选择 30 个不同位置进行测定。故对每个样品共获得 30 个光谱，其中每个光谱是 10 次激光脉冲的平均值。

3.2.2 LIBS 光谱分析

图 3 – 1 为 20 个训练集样本的平均 LIBS 光谱。从图 3 – 1 可以看出，不同样品的 LIBS 光谱特征线强度存在差异，而根据文献中热值估算公式，灰分、挥发分和热值与煤中相关元素的含量相关。因此，可以基于煤 LIBS 光谱实现 3 种煤质指标的直接测定。但复杂的样品基体以及仪器和环境因素等可能会破坏 3 种煤

质指标与特征谱线强度之间的相关性。因此，采用基于 KELM 的非线性多元校正方法对煤炭灰分、挥发分和热值进行测定。

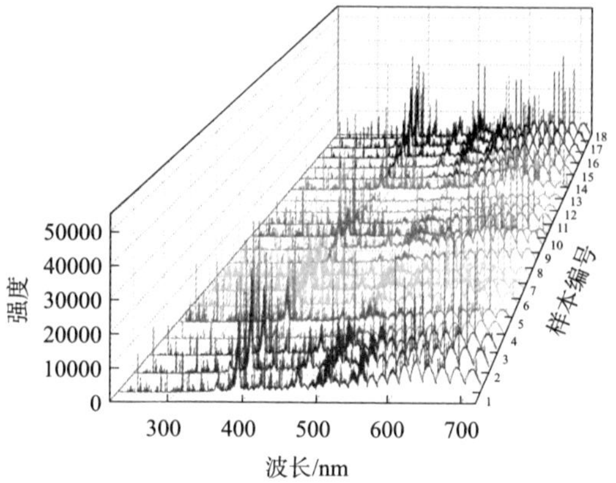

图 3-1 20 个训练集样本的平均 LIBS 光谱

3.3 预处理方法选择与优化

图 3-2 为某一煤炭样品的平均 LIBS 光谱。从图 3-2 可以看出，光谱中存在基线漂移、背景以及噪声等干扰信息。这些干扰信息的存在会影响模型预测结果的准确性。因此，在进行变量选择之前，先使用不同的预处理方法(一阶导数、二阶导数、小波变换、归一化和标准正态变换)对原始光谱进行分析。并使用 10-折交叉验证从以上几种预处理方法及其组合中选出最优的预处理方法，$RMSE_{CV}$ 和 R_{CV}^2 作为评价指标。图 3-3 显示了不同预处理方法对 KELM 校正模型预测性能的影响。从图 3-3 可以看出，对于灰分和挥发分，标准正态变换对应最小 $RMSE_{CV}$ 和最大 R_{CV}^2 值；而对于热值，归一化方法对应最优的 $RMSE_{CV}$ 和 R_{CV}^2 值。对于 3 种煤质指标，一阶导数、二阶导数和小波变换均表现出相对较差的性能，其 $RMSE_{CV}$ 和 R_{CV}^2 值与原始光谱相似。此外，尽管标准正态变换和归一化获得了最佳的结果，但与其他预处理方法的组合并没

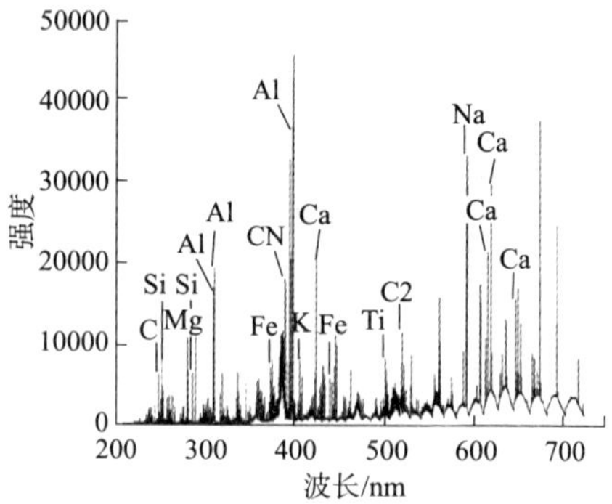

图 3-2 煤炭样品的平均 LIBS 光谱

有进一步提高模型预测性能。因此，在对灰分和挥发分分析时，预处理方法选择标准正态变换；而热值分析时，预处理方法选择归一化。

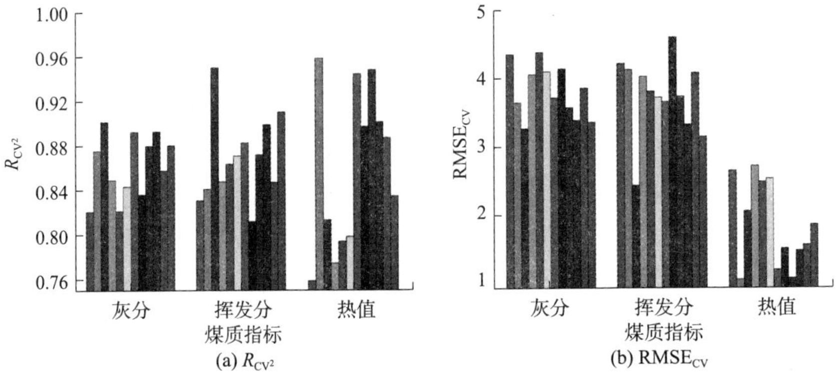

图 3－3　不同预处理方法对 KELM 校正模型预测性能的影响

注：从左到右依次对应原始光谱、归一化、标准正态变换、一阶导数、二阶导数、小波变换、一阶导数－归一化、一阶导数－标准正态变换、二阶导数－归一化、二阶导数－标准正态变换、小波变换－归一化和小波变换－标准正态变换。

3.4　煤炭灰分、挥发分和热值定量分析模型的构建

3.4.1　基于全谱的 KELM 模型

建立基于全谱的 KELM 模型用于煤炭灰分、挥发分和热值的测定。使用 10－折交叉验证和网格搜索方法基于 2 的指数(2^0，2^1，…，2^{29}，2^{30})对 KELM 惩罚参数 C 和核参数 γ 进行优化。基于最优的参数构建用于灰分、挥发分和热值测定的 KELM 校正模型。表 3－1 列出了最优模型参数和预测结果。从表 3－1 可以看出，对于 3 种煤质指标，预测相关系数 R_{P^2}值均高于 0.96。在 10－折交叉验证中，挥发分和热值的 R_{CV^2}值均超过 0.94，但灰分的结果略差，$RMSE_{CV}$ 和 R_{CV^2}值分别为 3.2020% 和 0.9016。此外，每条 LIBS 光谱(220～720nm)由 27620 个光谱点组成，其中每个光谱点为一个输入变量。在建模过程中并非所有的输入变量都起着同样重要的作用。相反，还存在一些甚至可能对分析结果产生有害影响并增加其计算时间。基于此，考虑对全谱中的无用变量进行滤除，从而进一步提高模型预测能力。

表 3－1 基于全谱的 KELM 模型对应的定量结果

煤质指标	模型参数		变量个数	10－折交叉验证		测试集	
	C	γ		$RMSE_{CV}$	R_{CV}^2	$RMSE_P$	R_P^2
灰分(%)	2^{10}	2^{14}	27620	3.2020	0.9016	1.6790	0.9608
挥发分(%)	2^{9}	2^{14}	27620	2.3164	0.9497	1.5660	0.9835
热值(MJ/kg)	2^{15}	2^{12}	27620	0.8518	0.9582	1.2584	0.9608

3.4.2 基于特征线的 KELM 模型

基于先验知识即煤样的组成信息对变量进行选择。煤炭灰分是一种在煤燃烧过程中产生的极其复杂的矿物质混合物，其组成主要包括氧化硅、氧化铁、氧化钙、氧化镁、氧化钾、氧化钠、氧化铝和氧化钛等。挥发分是由煤中有机化合物分解产生的，主要由硫、氢、氧和氮组成。根据文献中的估算公式，煤炭热值的计算既与有机元素有关也和矿物元素有关。故理论上煤炭的灰分、挥发分和热值可以通过相关元素的谱线强度进行计算。但考虑到煤炭分子结构的复杂性，仅基于上述信息以实现煤炭灰分、挥发分和热值的计算，可能导致结果的准确性较差。因此，在建模过程中也考虑了其他谱线的影响。根据煤的 LIBS 光谱信息，使用 NIST 数据库识别出 51 条原子线和离子线。此外，还包括 4 条分子线。选出的特征线信息如表 3－2 所示。为了进一步提高模型的预测准确性，采用逐步迭代的方法对表 3－2 中的谱线进行进一步筛选，并使用 $RMSE_{CV}$ 作为评价指标。最后，27 条谱线被选出用于煤炭灰分测定，其中除了上述所提到的元素(硅、铁、钙、镁、钾、钠、铝、硫、钛和氧)的谱线外还包含碳元素的谱线；28 条谱线被选出用于挥发分测定，其中不仅包含有机元素(碳、氢、氧和氮)的谱线，还包含矿物元素(硅、钙、铝、钠、镁、铁和钛)的谱线和 2 条分子线(CN 388.29 和 C2 563.50nm)；对于热值，30 条谱线被选出，其中涉及表 3－2 中所有元素的谱线，此外，还包括 2 条分子线(CN 388.29 和 C2 563.50nm)。

表 3－2 煤炭样品的特征谱线

nm

特征线					
C(Ⅰ)247.86	Al(Ⅰ)236.71	Ca(Ⅰ)422.67	Si(Ⅰ)250.69	Fe(Ⅰ)344.06	Na(Ⅰ)588.99
H(Ⅰ)434.05	Al(Ⅰ)237.31	Ca(Ⅰ)442.54	Si(Ⅰ)251.43	Fe(Ⅰ)371.99	Na(Ⅰ)589.59
O(Ⅰ)407.22	Al(Ⅰ)257.51	Ca(Ⅰ)443.49	Si(Ⅰ)251.61	Fe(Ⅰ)373.71	K(Ⅰ)404.41

续表

特征线					
O(Ⅰ)464.91	Al(Ⅰ)308.22	Ca(Ⅰ)445.47	Si(Ⅰ)251.92	Fe(Ⅰ)373.49	K(Ⅰ)404.72
N(Ⅰ)500.52	Al(Ⅰ)309.27	Ca(Ⅰ)558.87	Si(Ⅰ)252.41	Fe(Ⅰ)438.35	Mn(Ⅰ)403.07
N(Ⅰ)567.96	Al(Ⅰ)394.40	Ca(Ⅰ)610.27	Si(Ⅰ)252.85	Ti(Ⅰ)498.17	Mn(Ⅰ)403.31
S(Ⅰ)547.36	Al(Ⅰ)396.15	Ca(Ⅰ)612.21	Si(Ⅰ)288.16	Ti(Ⅰ)499.11	Mg(Ⅰ)285.21
CN 388.29		Ca(Ⅰ)616.22		Ti(Ⅰ)500.72	Mg(Ⅱ)279.55
CN 419.67		Ca(Ⅰ)643.95		Ti(Ⅰ)501.42	Mg(Ⅱ)280.27
C2 516.48		Ca(Ⅰ)649.13		Ti(Ⅰ)506.47	
C2 563.50				Ti(Ⅰ)521.04	

基于所选出的特征谱线分别构建用于灰分、挥发分和热值测定的 KELM 校正模型。表 3 - 3 给出了基于特征线的 KELM 模型的定量分析结果。从表 3 - 3 可以看出，对于 3 种煤质指标，基于特征线的 KELM 模型获得的 $RMSE_P$ 和 $R_P{}^2$ 值相比全谱模型并没有明显改善，但 $RMSE_{CV}$ 和 $R_{CV}{}^2$ 值均优于全谱模型。此外，基于特征谱线的 KELM 模型的输入变量数量仅占总光谱变量的 0.11%，这极大地提高了模型计算效率。但是特征线的选择是一个非常复杂且耗时的过程。因此，需要进一步考虑选择一个合适的变量选择方法以实现输入变量的自动筛选。

表 3 - 3　基于特征线的 KELM 模型的定量结果

煤质指标	模型参数		变量个数	10 - 折交叉验证		测试集	
	C	γ		$RMSE_{CV}$	$R_{CV}{}^2$	$RMSE_P$	$R_P{}^2$
灰分(%)	2^{14}	2^{12}	27	1.2882	0.9841	1.8957	0.9872
挥发分(%)	2^{10}	2^{9}	28	1.6584	0.9740	2.0288	0.9742
热值(MJ/kg)	2^{14}	2^{3}	30	0.6913	0.9726	0.8363	0.9565

3.4.3　基于 PSO 的 KELM 模型

由于复杂的样本基体以及仪器和环境等因素的影响，根据先验知识筛选出的特征线可能是不可靠的。除此之外，谱线选择过程是非常复杂且耗时的。因此，粒子群优化算法被用于光谱变量的自动筛选。通过 10 - 折交叉验证对 PSO 参数进行优化。最终，对于 3 种煤质指标，粒子数均设置为 20，学习率 c_1 和 c_2 均设置为 2。此外，为了观察每次迭代过程中 PSO 的性能，500 次迭代对应的适应度收敛曲线如图 3－4 所示。从图 3－4 可以看出，对于所有 3 种煤质指标，在第一次迭代后适应度值发生了显著变化。随着迭代次数的增加，适应度值缓慢变化，并且在 200 次迭代之后逐渐趋于稳定。这就意味着随着迭代次数的增加，模型性能没有进一步改善，反而会增加参数优化的时间消耗。

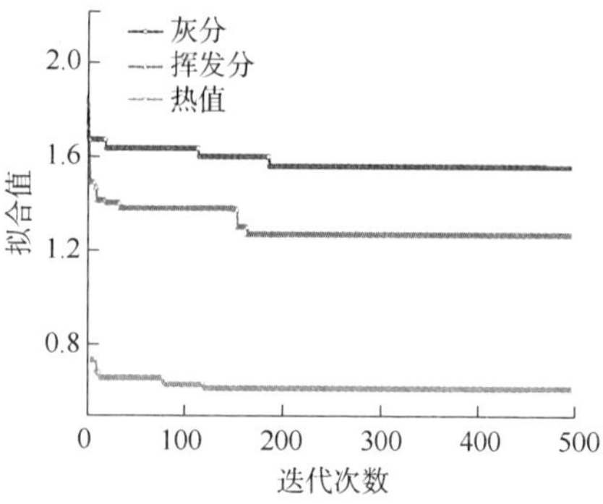

图 3－4 迭代次数与拟合值的关系图

表 3－4 显示了基于 PSO 的 KELM 模型获得的定量结果。从表 3－4 中可以看出，用于 3 种煤质指标计算的变量个数为全谱的 4% ~14%（1092 至 3921 个光谱点）。另外，PSO 作为变量选择方法也取得了较好的分析结果，3 种煤质指标的 R_{CV^2} 和 R_{P^2} 值均在 0.97 以上。对于挥发分和热值，交叉验证和预测结果均优于全光谱模型。对于灰分，$RMSE_{CV}$、R_{CV^2} 和 R_{P^2} 值也优于全谱模型，但 $RMES_P$（2.0480%）略差于全谱模型（1.6790%）。

表 3－4 基于 PSO 的 KELM 模型对应的定量结果

煤质指标	模型参数		变量个数	10－折交叉验证		测试集	
	C	γ		$RMSE_{CV}$	R_{CV^2}	$RMSE_P$	R_{P^2}
灰分（%）	2^{11}	2^{10}	1164	1.6643	0.9765	2.0480	0.9853
挥发分（%）	2^{10}	2^{12}	3921	1.2816	0.9851	1.0874	0.9890
热值（MJ/kg）	2^{15}	2^{7}	1092	0.5880	0.9809	0.6999	0.9746

3.4.4 不同 KELM 校正模型的预测性能对比

为了更清楚直观地显示模型预测结果，图 3－5 展示了不同校正模型的对比结果。从图 3－5 可以看出，在 10－折交叉验证中，对于 3 种煤质指标，基于特征线和 PSO 的 KELM 模型获得的结果均优于全谱模型，并且对于挥发分和热值，基于 PSO 的 KELM 模型比基于特征线的 KELM 模型具有更好的预测性能；对于灰分，最优交叉验证结果则由基于特征线的 KELM 模型获得。在预测集中，对于挥发分和热值，最优结果由基于 PSO 的 KELM 模型获得；对于灰分，全谱模型获得最佳的 $RMSE_P$ 值，基于特征线的 KELM 模型获得了最佳的 R_{P^2} 值。对于挥发分和热值，基于 PSO 的 KELM 模型获得了最好的结果；但是对于灰分，基于 PSO 的模型表现稍差，这表明基于 PSO 的变量选择方法并不适合所有煤质指标的测定。在实际应用中，应根据实际需求进行选择。对于灰分，基于特征线的 KELM 模型获得了最佳的 $RMSE_{CV}$、$R_{CV}{}^2$和 $R_p{}^2$值，但是 $RMSE_P$ 值(1.8957%)稍差于全谱模型(1.6790%)。但是，相比基于特征线的 KELM 模型，全谱模型非常复杂，这可能会阻碍其在煤质快速分析中的应用。因此，综合考虑，选择基于特征线的 KELM 模型进行煤炭灰分测定。总之，合适的变量选择方法有助于提高模型计算效率及预测性能。

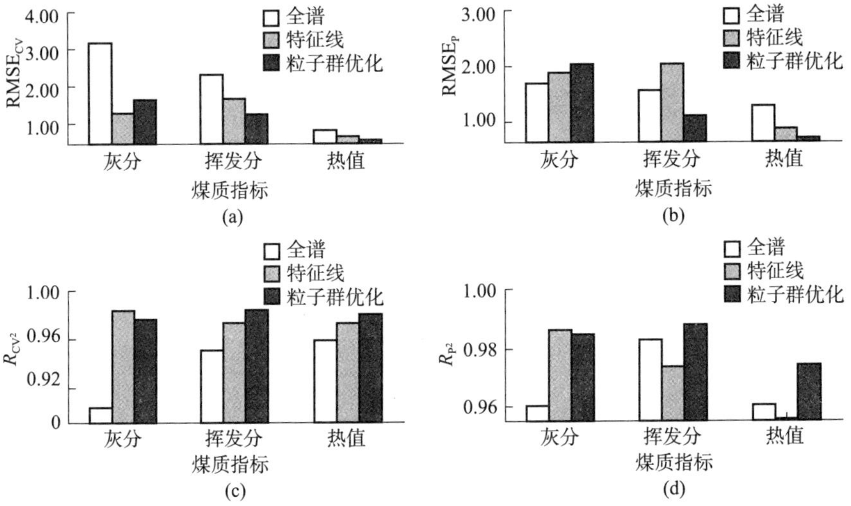

图 3-5　基于不同输入变量的 KELM 模型预测性能对比

通过建立基于不同输入变量的 KELM 校正模型实现了灰分、挥发分以及热值的快速测定。探究了不同预处理方法及模型参数对 KELM 校正模型预测性能的影响，并分别建立基于全谱、特征线以及 PSO 的 KELM 模型实现了煤炭灰分、挥发分以及热值的测定。结果表明，挥发分和热值测定的最优校正模型为基于 PSO 的 KELM 模型，其中挥发分测定的最优 $RMSE_P$ 和 $R_p{}^2$值分别为 1.0874% 和 0.9890，热值测定的最优 $RMSE_P$ 和 $R_p{}^2$值分别为 0.6999MJ/kg 和 0.9746；灰分测定的最优校正模型为基于特征线的 KELM 模型，最优的 $RMSE_P$ 和 $R_p{}^2$值分别为 1.8957% 和 0.9872。总之，LIBS 技术与 KELM 算法结合是一种有前景的煤质快速分析方法，而合适的变量选择方法有助于进一步提高模型计算效率及预测性能。

参考文献

[1]Shirazi A R, Börtin O, Eklund L, et al. The impact of mineral matter in coal on its combustion, and a new approach to the determination of the calorific value of coal[J]. Fuel, 1995, 74(2): 247 - 251.

[2]Lorenz U, Grudziński Z. Hard coal for energetic purposes: price - quality relationships; international coal market observations and Polish practice[J]. Applied Energy, 2003, 74(3 - 4): 271 - 279.

[3]Li X W, Wang Z, Fu Y T, et al. Application of a spectrum standardization method for carbon analysis in coal using laser - induced breakdown spectroscopy(LIBS)[J]. Applied Spectroscopy, 2014, 68(9): 955 - 962.

[4]Body D, Chadwick B L. Optimization of the spectral data processing in a LIBS simultaneous elemental analysis system[J]. Spectrochimica Acta Part B: Atomic Spectroscopy, 2001, 56(6): 725 - 736.

[5]Redoglio D, Golinelli E, Musazzi S, et al. A large depth of field LIBS measuring system for elemental analysis of moving samples of raw coal[J]. Spectrochimica Acta Part B: Atomic Spectroscopy, 2016, 116: 46 - 50.

[6]Musazzi S, Golinelli E, Perini U, et al. Elemental analysis of coal by means of the Laser Induced Breakdown Spectroscopy(LIBS)technique[A]//2012 IEEE Sensors Applications Symposium Proceedings[C]. IEEE, 2012: 1 - 3.

[7]Gaft M, Sapir - Sofer I, Modiano H, et al. Laser induced breakdown spectroscopy for bulk minerals online analyses[J]. Spectrochimica Acta Part B: Atomic Spectroscopy, 2007, 62(12): 1496 - 1503.

[8]Haider A F M Y, Rony M A, Abedin K M, et al. Determination of the Ash Content of Coal without Ashing: A Simple Technique Using Laser - Induced Breakdown Spectroscopy[J]. Energy & Fuels, 2013, 27(7): 3725 - 3729.

[9]Ctvrtnickova T, Mateo M P, Yañez A, et al. Application of LIBS and TMA for the determination of combustion predictive indices of coals and coal blends[J]. Applied Surface Science, 2011, 257(12): 5447 - 5451.

[10]Yuan T B, Wang Z, Lui S L, et al. Coal property analysis using laser - induced breakdown spectroscopy[J]. Journal of Analytical Atomic Spectrometry, 2013, 28(7): 1045 - 1053.

[11]Lu Z M, Mo J H, Yao S C, et al. Rapid determination of the gross calorific value of coal using

laser – induced breakdown spectroscopy coupled with artificial neural networks and genetic algorithm[J]. Energy & Fuels, 2017, 31(4): 3849 – 3855.

[12] Jarvis R M, Goodacre R. Genetic algorithm optimization for pre – processing and variable selection of spectroscopic data[J]. Bioinformatics, 2005, 21(7): 860 – 868.

[13] Leardi R, Seasholtz M B, Pell R J. Variable selection for multivariate calibration using a genetic algorithm: prediction of additive concentrations in polymer films from Fourier transform – infrared spectral data[J]. Analytica Chimica Acta, 2002, 461(2): 189 – 200.

[14] Vohland M, Ludwig M, Thiele – Bruhn S, et al. Determination of soil properties with visible to near – and mid – infrared spectroscopy: Effects of spectral variable selection[J]. Geoderma, 2014, 223: 88 – 96.

[15] Swierenga H, De Groot P J, De Weijer A P, et al. Improvement of PLS model transferability by robust wavelength selection[J]. Chemometrics and Intelligent Laboratory Systems, 1998, 41(2): 237 – 248.

[16] Sorol N, Arancibia E, Bortolato S A, et al. Visible/near infrared – partial least – squares analysis of Brix in sugar cane juice: A test field for variable selection methods[J]. Chemometrics and Intelligent Laboratory Systems, 2010, 102(2): 100 – 109.

[17] Xue L, Cai J, Li J, et al. Application of particle swarm optimization (PSO) algorithm to determine dichlorvos residue on the surface of navel orange with Vis – NIR spectroscopy[J]. Procedia Engineering, 2012, 29: 4124 – 4128.

[18] Allegrini F, Olivieri A C. A new and efficient variable selection algorithm based on ant colony optimization. Applications to near infrared spectroscopy/partial least – squares analysis[J]. Analytica Chimica Acta, 2011, 699(1): 18 – 25.

[19] Hu L Q, Yin C L, Ma S, et al. Rapid detection of three quality parameters and classification of wine based on Vis – NIR spectroscopy with wavelength selection by ACO and CARS algorithms[J]. Spectrochimica Acta Part A: Molecular and Biomolecular Spectroscopy, 2018, 205: 574 – 581.

[20] Kennedy J, Eberhart R. Particle swarm optimization[C]//Proceedings of ICNN'95 – International Conference on Neural Networks. IEEE, 1995, 4: 1942 – 1948.

[21] Eberhart R C, Shi Y H. Particle swarm optimization: developments, applications and resources [C]//Proceedings of the 2001 Congress on Evolutionary Computation. IEEE, 2001, 1: 81 – 86.

[22] Robinson J, Rahmat – Samii Y. Particle swarm optimization in electromagnetics[J]. IEEE Transactions on Antennas and Propagation, 2004, 52(2): 397 – 407.

[23] Parsopoulos K E, Vrahatis M N. Recent approaches to global optimization problems through particle swarm optimization[J]. Natural Computing, 2002, 1(2-3): 235-306.

[24] Abido M A. Optimal power flow using particle swarm optimization[J]. International Journal of Electrical Power & Energy Systems, 2002, 24(7): 563-571.

[25] Wu T Z, Shi X, Liao L, et al. A capacity configuration control strategy to alleviate power fluctuation of hybrid energy storage system based on improved particle swarm optimization[J]. Energies, 2019, 12(4): 642.

[26] Bhatti A R, Salam Z, Sultana B, et al. Optimized sizing of photovoltaic grid-connected electric vehicle charging system using particle swarm optimization[J]. International Journal of Energy Research, 2019, 43(1): 500-522.

[27] Kennedy J, Eberhart R C. A discrete binary version of the particle swarm algorithm[C]//Proceedings of IEEE International Conference on Computational Cybernetics and Simulation. IEEE, 1997, 5: 4104-4108.

[28] Shi Y H, Eberhart R. A Modified Particle Swarm Optimizer[A]. Proceedings of the IEEE Conference on Evolutionary Computation[C]. IEEE, 1998: 69-73.

[29] Wang X Y, Yang J, Teng X L, et al. Feature selection based on rough sets and particle swarm optimization[J]. Pattern Recognition Letters, 2007, 28(4): 459-471.

[30] Huang C L, Dun J F. A distributed PSO-SVM hybrid system with feature selection and parameter optimization[J]. Applied Soft Computing, 2008, 8(4): 1381-1391.

[31] Given P H, Weldon D, Zoeller J H. Calculation of calorific values of coals from ultimate analyses: theoretical basis and geochemical implications[J]. Fuel, 1986, 65(6): 849-854.

[32] Mathews J P, Krishnamoorthy V, Louw E, et al. A review of the correlations of coal properties with elemental composition[J]. Fuel Processing Technology, 2014, 121: 104-113.

4　混合变量选择策略在煤炭热值分析中的应用

引言

变量选择是从原始数据中选择最有效的信息以减小数据集维度的过程。它可以提高模型计算效率、简化模型使其更易于解释、避免维数灾难、减少过拟合以及增强泛化能力等。通常，变量选择方法可大致分为两类：过滤法和封装法。过滤法独立于任何建模算法，一般依赖于训练数据的统计特性进行变量选择。因此，过滤法具有计算效率高的优点，但预测结果往往较差。常用的过滤法包括互信息(Mutual Information，MI)、卡方检验(Chi - squared test，CHI)和信息增益(Information Gain，IG)等。与过滤法相反，封装法依赖于预定的学习算法并基于其性能评估和确定所选择的变量。封装法在光谱变量选择中得到广泛应用，如粒子群优化、Monte Carlo 无信息变量消除(Monte Carlo Unin formative Variables Elimination，MC - UVE)、随机化检验(Randomization Test，RT)和遗传算法等。由于考虑了特征子集和学习模型之间的相互关系，封装法比过滤法更有效，但计算量较大，特别是在处理高维数据时，往往需要较长的时间。上一章中发现基于粒子群优化对煤 LIBS 光谱进行变量筛选，可实现煤炭灰分、挥发分和热值的准确测定。但是粒子群优化属于随机搜索算法，对高维复杂问题，需要较长的优化时间，且会遇到早熟收敛和收敛性能差的问题，进而容易导致模型预测结果准确性较差。综上所述，过滤法和封装法各有优缺点。为了快速获得高精度输入变量，将这两种变量选择方法组合使用具有广阔的应用前景。混合变量选择是将过滤法和封装法进行组合的一种实现方式。其步骤包括：首先使用过滤法剔除大量的冗余或共线信息，其次将剩余变量连同浓度(含量)数据一起作为输入参数传递给封装法，以进一步优化选择的变量。混合变量选择方法通常同时具有封装法的高精度和过滤法的高效特性。

4.1 基于 WT – MIV 的混合变量选择方法在煤炭热值分析中的应用

小波变换(WT)是一种广泛用于信号处理的数学方法。通过小波变换，可以将原始数据分解为具有不同尺度和频率的若干分量，而原始光谱数据中包含的固有结构和特征信息存在于获得的小波系数中。由于小波变换本身的特性，一些很小的小波系数被认为是无用的信息，可以丢弃而不会失去任何有用的信息。因此，可以通过选出少量的小波系数代替原始 LIBS 光谱，并且直接基于选择的小波系数构建校正模型。平均影响值(MIV)最初由 Dombi 提出，用于表示神经网络中权重矩阵的变化，且可用于评估输入变量对神经网络模型预测性能的影响。将 MIV 与 WT 结合可用于选择对预测结果有重要影响的小波系数，从而实现 LIBS 光谱特征变量的精准筛选。此外，除了减少输入变量，快速准确的非线性多元校正方法也有助于煤炭热值的快速测定。KELM 作为一种快速、简单的学习算法，已成功地应用于多种光谱分析并取得了较好的结果。因此，首先采用 WT 方法从 LIBS 光谱中滤除无用或冗余信息，其次通过 MIV 方法进一步对剩余的小波系数进行筛选，最后基于获得的小波系数构建 WT – MIV – KELM 校正模型以实现煤炭热值的准确快速测定。

4.1.1 化学计量学算法

4.1.1.1 小波变换

小波变换是一种广泛用于信号处理的数学方法。小波被定义为基函数 $\Psi(t)$ 的扩展和平移：

$$\Psi_{a,b}(t) = \frac{1}{\sqrt{|a|}}\Psi\left[\frac{t-b}{a}\right],\ (a,\ b \in R,\ a \neq 0) \tag{4-1}$$

式中，a 和 b 分别是膨胀因子和平移参数。

小波变换主要分为连续小波变换(Continuous Wavelet Transform，CWT)和离散小波变换(Discrete Wavelet Transform，DWT)两类，其中 DWT 是比 CWT 更有效的方法，通常用于光谱信号分析。

在离散小波变换中，$a=a_0^m(a_0>1,\ m\in Z)$，$b=nb_0a_0^m(b_0\in R,\ n\in Z)$，因此公式 4－1 可表示为：

$$\Psi_{m,n}(t)=a_0^{-\frac{m}{2}}\Psi(a_0^{-m}t-nb_0) \tag{4-2}$$

通常，$a_0=2$，$b_0=1$。

在离散小波变换中，原始信号可通过 Mallat 算法被分解为不同的子系列数据，其中包括大量细节系数(d)和一个近似系数(a)。近似系数是信号的低频分量，代表信号的总体趋势；细节系数为高频分量，其中包括不同程度的波动和噪声信息。通过小波压缩，一些幅度很小的小波系数可以通过全局阈值法处理丢弃(去除特定水平以上的细节系数，并将保留的细节系数与近似系数组合以形成新的小波系数)，原始信号可以使用新的小波系数进行重构。

4.1.1.2　平均影响值

平均影响值是评估自变量对因变量重要性的指标，其绝对值反映了自变量的相对影响程度。平均影响值的计算过程如下：①使用训练集对模型进行自适应训练。②将训练集中的每个输入变量分别增加和减少 10%，以获得两个新的训练集，并根据拟合模型将这两个新的训练集用于仿真。③计算两个结果之间的差值即影响值(IV)，然后通过平均所有样本的 IV 便可获得平均影响值。④根据平均影响值的绝对值对输入变量进行排序。

4.1.1.3　WT－MIV 算法

基于 WT 和 MIV 方法，提出一种混合变量选择算法(WT－MIV)用于 LIBS 光谱的变量筛选，并构建 WT－MIV－KELM 模型以实现煤炭热值的定量分析。该方法的计算流程如图 4－1 所示：首先，基于 WT 方法将每个样本的频谱分解为一系列系数，包括近似系数和细节系数，并通过全局阈值滤除高于特定水平的高频分量(细节系数)；其次，采用 MIV 方法进一步优化剩余的小波系数；最后，基于保留的小波系数直接构建用于煤热值测定的 KELM 模型。

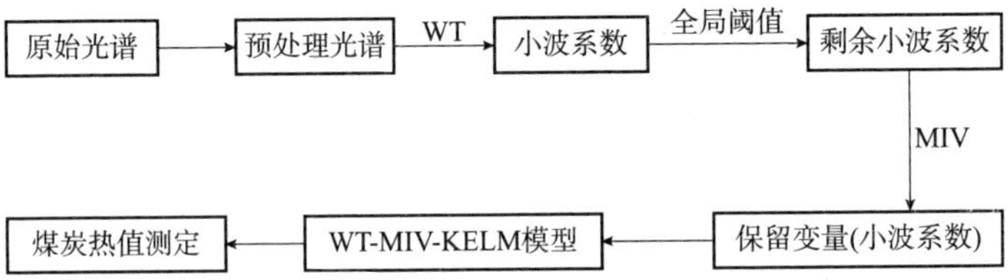

图 4－1　WT－MIV－KELM 方法的计算流程图

4.1.2 LIBS 光谱解析

图 4－2 显示了某一样品在 220～720nm 范围内的平均归一化光谱，并根据 NIST 数据库识别出煤样中有机元素(碳)和矿物元素(硅、铝、铁、钙、镁、钠等)的部分特征谱线。通常，样品中元素含量与其在 LIBS 中的特征线强度有关，而根据文献中热值估算公式，热值与煤中相关元素的含量相关。因此，理论上煤炭热值可以通过相关元素的谱线强度直接进行估算。但复杂的样品基体以及仪器和环境因素的影响，可能会破坏热值与谱线强度之间的相关性。而且热值的计算可能不仅涉及煤中相关元素的谱线强度。因此，采用合适的变量选择方法对 LIBS 光谱进行筛选对于热值的准确测定是非常重要的。

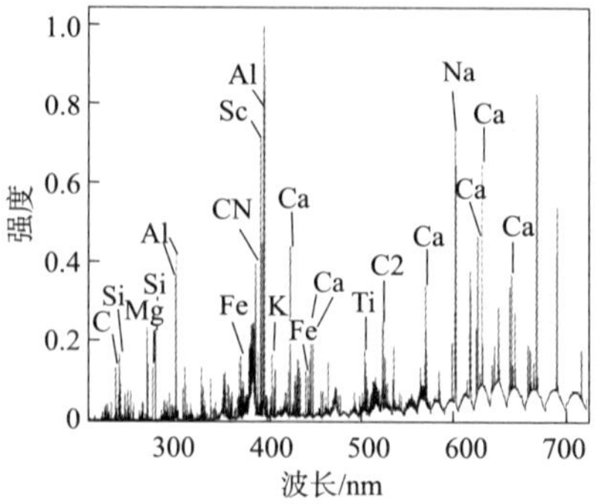

图 4－2 煤样品的归一化 LIBS 光谱图

4.1.3 模型构建

4.1.3.1 全谱 KELM 模型

建立基于全谱的 KELM 校正模型用于煤炭热值的测定。使用网格搜索方法结合 10－折交叉验证基于 2 的指数(2^0, 2^1, …, 2^{29}, 2^{30})对 KELM 的惩罚参数 C 和核参数 γ 进行优化，获得的最优 C 和 γ 的值分别为 2^{15} 和 2^{12}。全谱模型产生的测试集结果如图 4－3 所示。从图 4－3 可以看出，使用基于全谱的 KELM 模型获得了一个相对较好的结果，$RMSE_P$ 和 R_{P^2} 值分别为 1.2584kJ/kg 和 0.9608。然而，由于每条 LIBS 光谱中包含 27620 个变量，且并非所有的变量都对模型预测性能起着积极作用。相反，过多输入变量可能会降低模型计算效率和预测性能。因此，为了建立一个更简单、准确的煤炭热值定量分析模型，

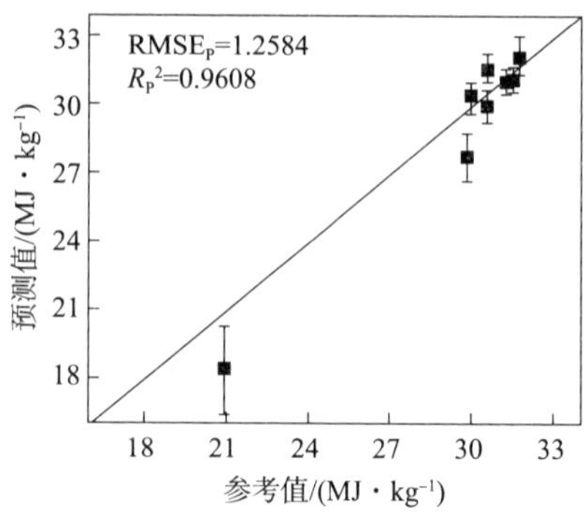

图 4－3 KELM 校正模型预测结果

需要对输入变量进行优化。

4.1.3.2 WT－MIV－KELM 模型

1)WT 分析

采用基于小波变换的变量选择方法消除全谱中的冗余信息。在小波变换中，有几个影响其效果的重要因素，如小波函数和分解层数。此外，选择哪些小波系数作为输入变量进行建模也是非常重要的。因此，使用 10－折交叉验证对以上 3 个因素进行同时优化，$RMSE_{CV}$和 R_{CV}^2作为评价指标。但是为了更清晰地展示优化过程，按以下顺序对结果进行呈现：小波函数、分解层数和小波系数选择。

本研究对 Daubechies(db)、Symlets(sym)、Coiflets(coif)和 Biorthogonal(bior)族小波函数进行了优化。结果显示，使用不同的小波函数获得的结果是非常相似的，$RMSE_{CV}$在 0.7～0.8MJ/kg 波动，R_{CV}^2在 0.94～0.95 波动。但是小波函数 bior 3.9 的结果较好。因此，bior 3.9 小波被选为最优的小波函数。

分解层数也是小波变换中的重要参数。通常较多的分解层数会产生更多的子集，但是也会增加计算的复杂性，并且随着分解层数的增加计算时间也会增加。此外，较多的分解层数可能会导致有用分解信息的丢失从而降低预测准确度。表 4－1 显示了小波函数为 bior 3.9 时，不同分解层数所对应的变量个数和交叉验证结果。从表 4－1 可以看出，当分解层数设置为 5 时，对应最佳结果(R_{CV}^2 = 0.9704 和 $RMSE_{CV}$ = 0.7151MJ/kg)。

表 4－1 不同分解层数对应的变量个数和交叉验证结果

分解层数	变量个数	R_{CV}^2	$RMSE_{CV}/(MJ \cdot kg^{-1})$
1	13819	0.9528	0.8985
2	6919	0.9555	0.8752
3	3469	0.9602	0.8269
4	1744	0.9588	0.8406
5	881	0.9704	0.7151
6	450	0.9561	0.8852
7	234	0.9547	0.8865
8	126	0.9283	1.1187
9	72	0.9162	1.2231
10	45	0.9017	1.3111

基于全局阈值选择用于校正模型构建的小波系数。其中，小波函数为 bior 3.9，分解层数为 5。当分解层数为 1 时，每个样本的光谱被分解为近似系数 $a1$ 和细节系数 $d1$，当分解层数为 2 时，近似系数 $a1$ 可以通过 WT 进一步分解为新的近似系数 $a2$ 和细节系数 $d2$，重复该过程直到分解层数达到 5。最后，光谱被分解为近似系数 $a5$ 和细节系数 $d1$、$d2$、$d3$、$d4$ 和 $d5$。然后利用全局阈值法，滤除一部分的高频分量（细节系数），并将保留的细节系数与近似系数结合用于 KELM 校正模型的构建。在该研究中，当阈值设定为 1.2 时，细节系数全部被滤除，因此在 0～1.2 范围内对阈值进行优化。图 4－4 显示了不同阈值所对应的 $RMSE_{CV}$、R_{CV}^2 和变量个数。从图 4－4 可以看出，$RMSE_{CV}$ 和 R_{CV}^2 曲线在一定范围内波动，且当阈值达到 1.2 时获得了最大 R_{CV}^2 值和最小 $RMSE_{CV}$ 值。而变量个数曲线在起始部分急剧下降，然后缓慢减小直到阈值达到 1.2。因此，阈值 1.2 对应最佳的结果。当阈值设置为 1.2 时，细节系数全部被滤除，仅保留了近似系数。

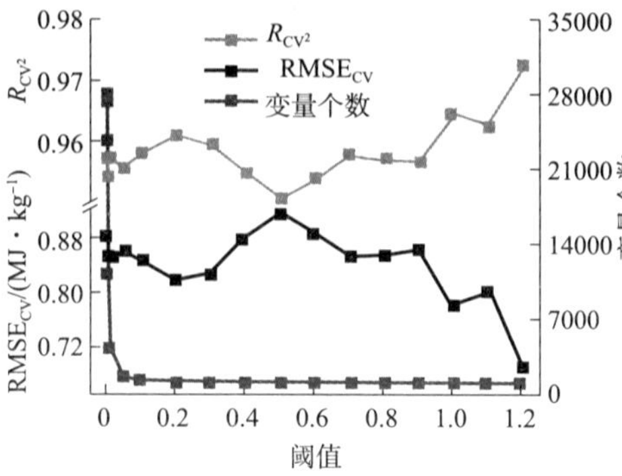

图 4－4　不同阈值所对应的变量个数和交叉验证结果

为了进一步对结果和小波系数中包含的信息进行评估，图 4－5 显示了一个煤炭样本在小波函数为 bior 3.9、分解层数为 5 时的小波分解系数。从图 4－5 可以看出，$a5$ 代表光谱的大致趋势，而 $d1$、$d2$、$d3$、$d4$ 和 $d5$ 包含很多高频噪声信息。不同小波系数的重构光谱如图 4－6 所示。从图 4－6 可以看出，近似系数的重构光谱与原始光谱非常相似，且滤除了大部分噪声信息。此外，对小波系数的能量百分比进行了计算。图 4－7 显示了所有 20 个样本的小波系数的能量百分比。从图 4－7 可以清楚地看出，较大的能量值主要分布在前 3 个频带中。近似系数 $a5$ 对应最大光谱能量值，而细节系数的能量百分比相对较小，其中 $d1$ 和 $d2$ 的能量百分比几乎接近于零。

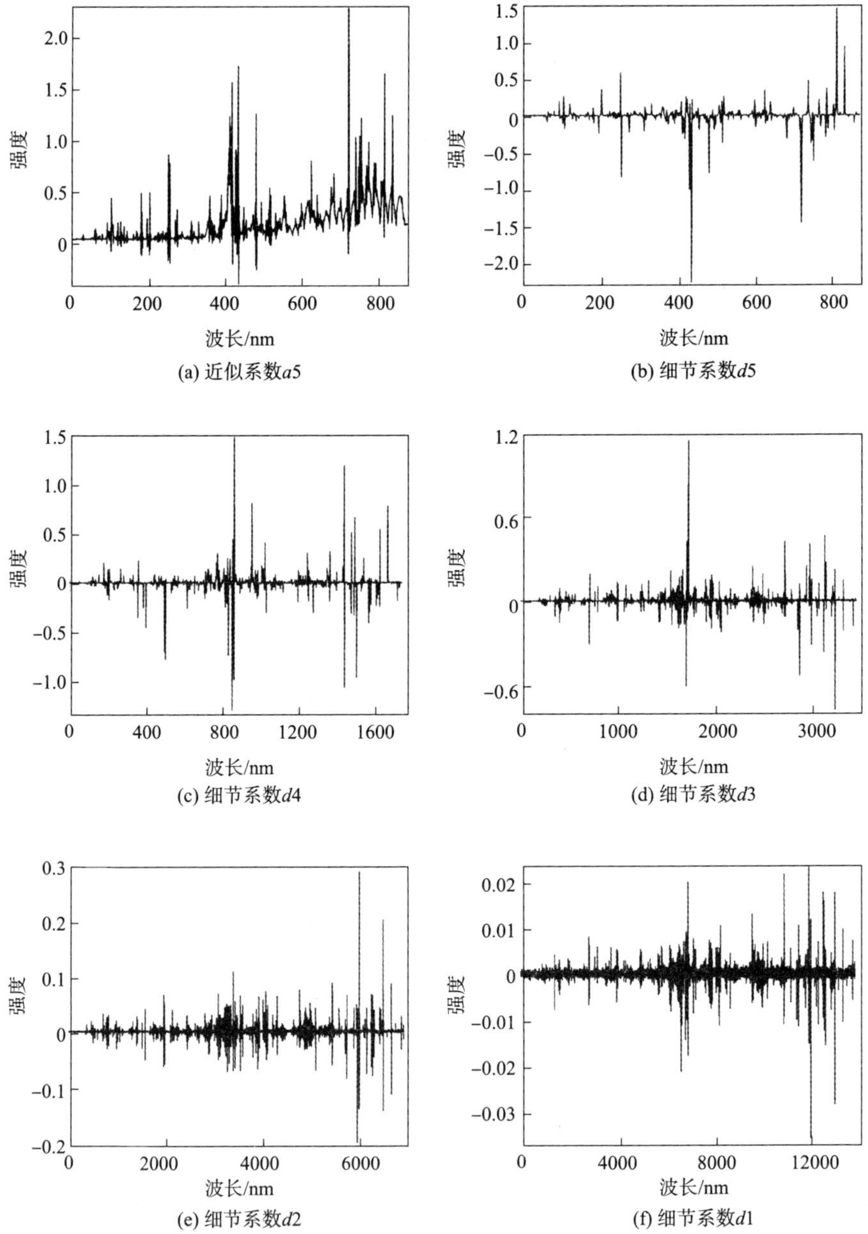

(a) 近似系数$a5$　(b) 细节系数$d5$

(c) 细节系数$d4$　(d) 细节系数$d3$

(e) 细节系数$d2$　(f) 细节系数$d1$

图 4 -5　煤炭样本在小波函数为 bior 3. 9 分解层数为 5 时的小波分解系数

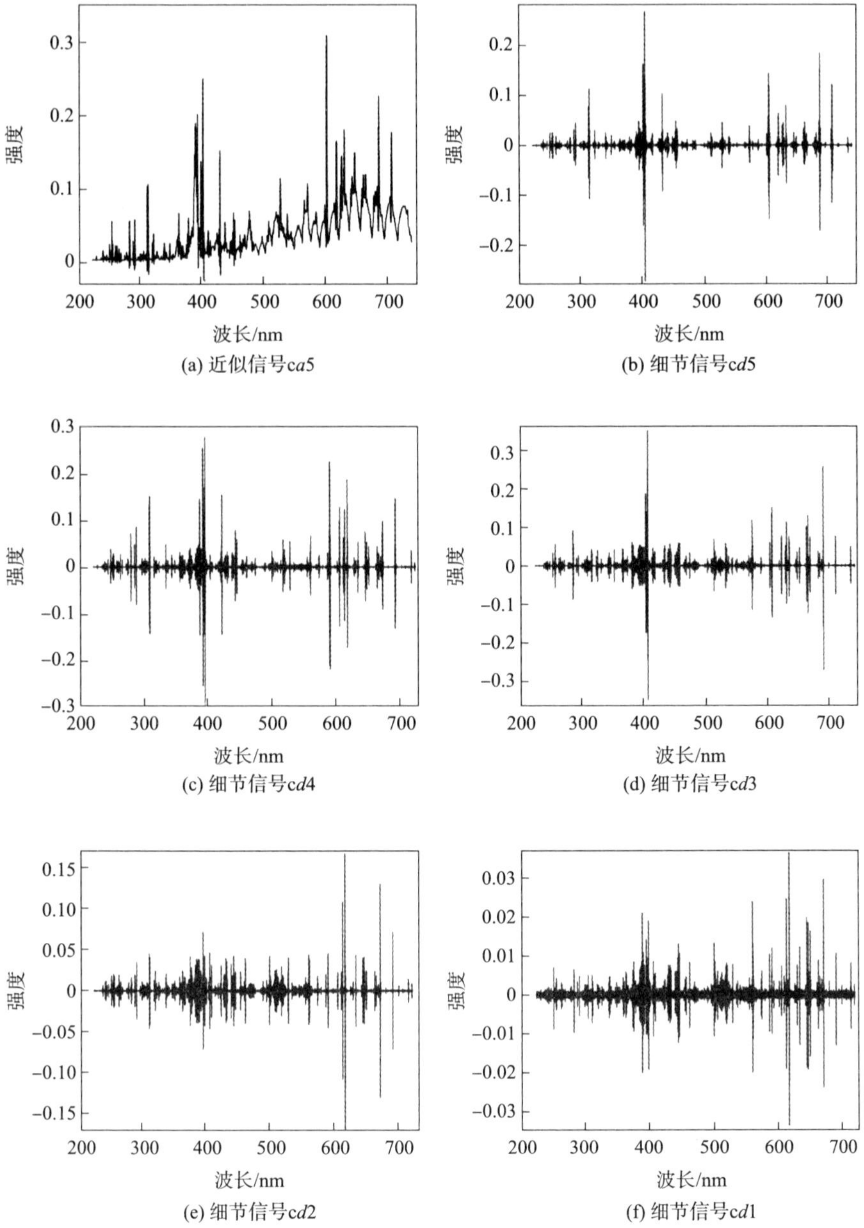

(a) 近似信号ca5
(b) 细节信号cd5
(c) 细节信号cd4
(d) 细节信号cd3
(e) 细节信号cd2
(f) 细节信号cd1

图 4-6　不同小波系数对应的重构光谱

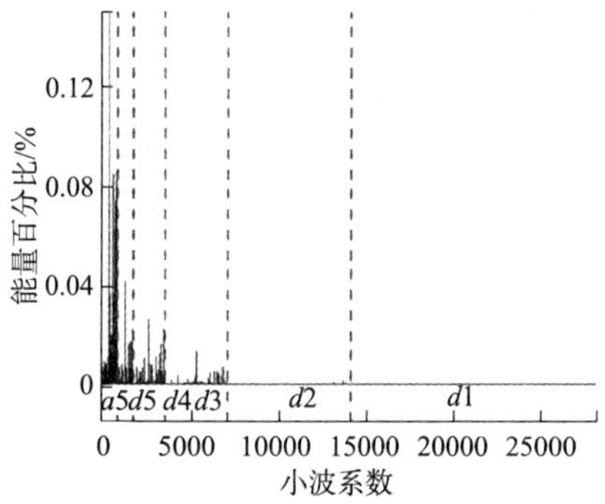

图 4-7　20 个样本对应的小波系数的能量百分比

综上所述，近似系数 $a5$ 作为输入变量用于构建 KELM 校正模型。此外，发现对于其他小波基函数和分解层数，最佳结果也由近似系数获得。使用获得的小波系数直接作为输入变量构建 KELM 校正模型用于煤炭热值的测定。最佳参数 C 和 γ 分别为 2^{15} 和 2^{11}。WT-KELM 校正模型获得的预测集结果如图 4-8 所示。与全谱模型相比，预测集相关系数 R_{P^2} 从 0.9608 提高到 0.9629，预测集均方根误差 $RMSE_P$ 从 1.2584MJ/kg 减小到 0.9935MJ/kg。此外，保留的小波系数数量为 881，仅为全光谱(27620)的 3.19%。以上均表明近似系数 $a5$ 包含了光谱的大部分特征信息，且避免了光谱中噪声的干扰，也表明小波变换可作为光谱变量选择的一种有效工具。

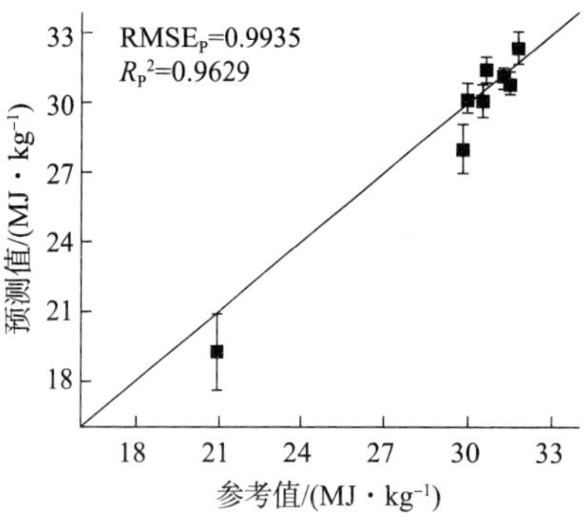

图 4-8　WT-KELM 校正模型预测集结果

2) WT-MIV 分析

在 WT 的基础上，使用 MIV 方法进一步消除无用的小波系数。图 4-9 显示了 881 个小波系数所对应的 MIV 值。基于图 4-9 中 RMSE 值对 MIV 的阈值进行选择。最终，MIV 绝对值小于或等于 0.35 的小波系数(图 4-9 中的水平虚线)被视为无用信息滤除，而 MIV 绝对值大于 0.35 的小

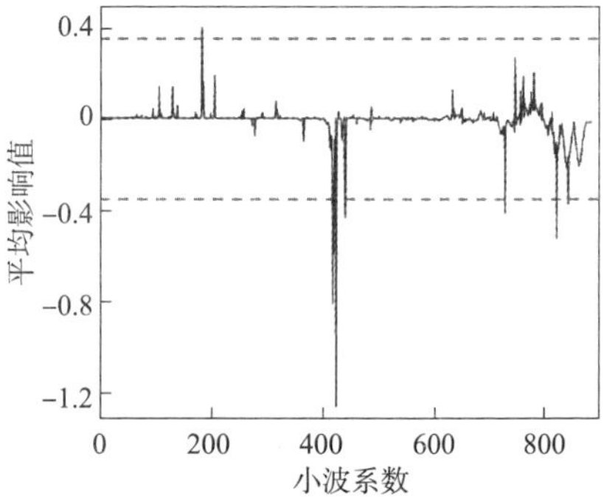

图 4-9　881 个小波系数对应的 MIV 值

波系数作为输入变量用于校正模型构建。最后，通过 MIV 方法从 881 个小波系数中选出了 142 个小波系数。

为了验证 WT－MIV 方法的性能，基于保留的 142 个小波系数(被移除的小波系数用零替换)重构的光谱如图 4－10 所示。根据 NIST 数据库从重构光谱中识别出 C 247.8、Si 251.4、Si 288.1、Fe 259.9、Al 309.2、Ca 422.7、Na 589.6、Mn 279.5Mg 和 H 656.3nm。与图 4－2 中的原始光谱相比，WT－MIV 方法消除了大部分的无用信息。此外，图 4－10 中谱线的相对强度比($I_{Si\ 251.4}/I_{C\ 247.8}=2.33$，$I_{Si\ 288.1}/I_{C\ 247.8}=2.63$，$I_{Al\ 309.2}/I_{C\ 247.8}=4.21$，$I_{Ca\ 422.7}/I_{C\ 247.8}=6.47$)与图 4－2 ($I_{Si\ 251.4}/I_{C\ 247.8}=1.25$，$I_{Si\ 288.1}/I_{C\ 247.8}=1.72$，$I_{Al\ 309.2}/I_{C\ 247.8}=3.12$，$I_{Ca\ 422.7}/I_{C\ 247.8}=3.29$)对比存在一定差异，但与图 4－6(a)($I_{Si\ 251.4}/I_{C\ 247.8}=2.24$，$I_{Si\ 288.1}/I_{C\ 247.8}=2.35$，$I_{Al\ 309.2}/I_{C\ 247.8}=4.32$，$I_{Ca\ 422.7}/I_{C\ 247.8}=6.16$)相似。这可能是因为在小波分解后仅使用近似系数 $a5$ 进行光谱重构，在重构过程中改变了谱线的相对强度比。另外，除了所提到的特征线之外，所选变量中还包括一些未知谱线。因此，WT－MIV 方法性能仅通过预测集中样本进行评估。

为了评估混合变量选择方法 WT－MIV 的性能，使用选择的 142 个小波系数构建 WT－MIV－KELM 模型用于热值测定。最优模型参数 C 和 γ 分别为 2^{23} 和 2^{16}。图 4－11 显示了参考值与 WT－MIV－KELM 模型获得的预测值之间的关系。如图 4－11 所示，WT－MIV－KELM 模型获得了较为满意的预测结果。

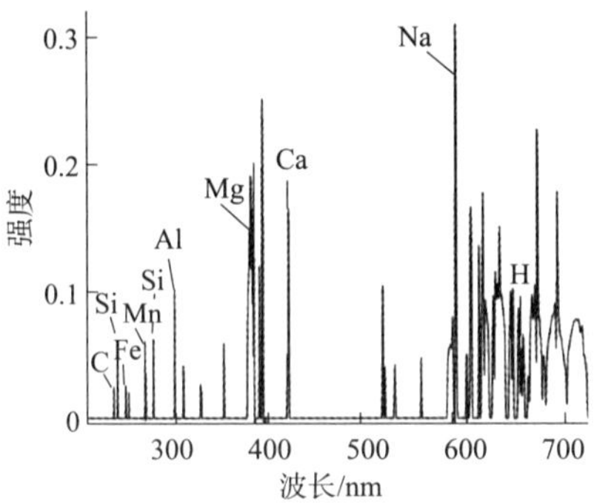

图 4－10 使用保留的 142 个小波系数(被移除的小波系数用零替换)重构的光谱图

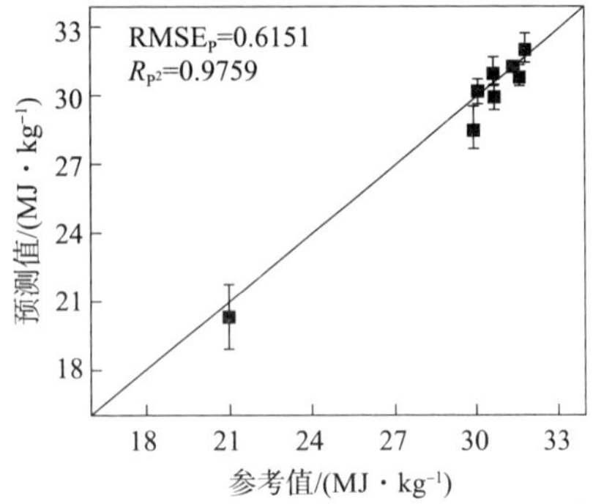

图 4－11 WT－MIV－KELM 校正模型预测结果

为了对比不同模型的预测性能，图 4－12 显示了使用不同模型获得的预测结果，表 4－2 列出不同 KELM 校正模型所获得的 8 个测试集样本的预测值及相对

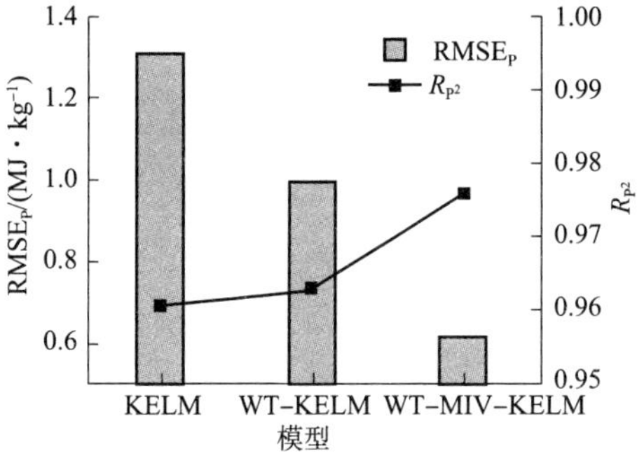

图 4-12　不同校正模型预测结果

误差值。由图 4-12 可以看出，与全谱模型相比，WT-KELM 模型以较少的变量获得了较高的预测准确度。如表 4-2 所示，对于大多数样本，WT-KELM模型所获得的预测值均比 KELM 所获得的预测值更接近于参考值，也具有较小的相对误差。而使用 MIV 方法进一步处理保留的小波系数后，预测结果得到进一步提升，所有预测样本的相对误差值均小于 5%。这表明混合变量选择方法对于改善模型预测性能更有效。此外，通过 WT-MIV 方法，进一步消除了对校正模型没有贡献的信息，最终选择的变量个数仅为 142。以上结果表明，合适的变量选择方法可以显著减少变量个数，提高模型预测性能，而混合变量选择方法可以更有效地选择用于煤炭热值测定的变量。

表 4-2　不同 KELM 校正模型所获得的测试集样本预测值和相对误差

样品编号	参考值/(MJ · kg^{-1})	KELM		WT-KELM		WT-MIV-KELM	
		预测值/(MJ · kg^{-1})	相对误差/%	预测值/(MJ · kg^{-1})	相对误差/%	预测值/(MJ · kg^{-1})	相对误差/%
1	31.23	31.02	0.66	31.11	0.39	31.23	0.010
2	31.74	32.18	1.38	32.32	1.84	32.14	1.26
3	31.50	31.11	1.25	30.81	2.20	30.85	2.06
4	20.87	18.40	11.84	19.24	7.82	20.31	2.70
5	30.56	29.95	2.00	30.10	1.50	29.98	1.90
6	29.83	27.67	7.23	27.99	6.17	28.61	4.10
7	30.57	31.59	3.33	31.43	2.81	31.04	1.54
8	29.98	30.30	1.08	30.24	0.88	30.25	0.90

综上，基于 WT 和 MIV 的混合变量选择方法(WT-MIV)实现了煤热值的准确测定。该方法首先使用 WT 从 LIBS 光谱中滤除一部分噪声和冗余信息，其次使用 MIV 方法对剩余的小波系数进行进一步筛选，最后基于获得的小波系数作为输入变量构建用于煤炭热值测定的 KELM 校正模型。与 KELM 和 WT-KELM

校正模型相比，WT – MIV – KELM 模型具有最优的预测性能，最优的 $RMSE_P$ 和 R_{p^2}分别为 0.6151MJ/kg 和 0.9759。表明 LIBS 技术结合 WT – MIV – KELM 是煤炭热值测定的一种可行方法，而混合变量选择方法可以更有效地缩短优化时间，提高模型预测性能。

4.2 基于 V – WSP – PSO 的混合变量选择方法在煤炭热值分析中的应用

粒子群优化作为一种全局优化算法，以其易于实现、收敛速度快的优点广泛应用于光谱变量选择，并表现出良好的性能。然而粒子群优化为随机搜索算法，计算量较大且耗时多，特别是当数据维数较高时。因此，基于混合变量选择策略，即选择一种过滤法在粒子群优化之前消除一部分的冗余信息，有助于减少粒子群优化计算时间，同时提高分析性能。V – WSP 是由 Ballabio 等基于 Wootton，Sergent，Phan – Tan – Luu（WSP）算法提出的一种过滤式变量选择方法。V – WSP 方法在使用过程中基于皮尔逊相关系数选择变量子集，可用于消除变量之间的多重共线性。因此，为了克服封装式变量选择方法计算效率低的局限性，提出一种基于过滤法（V – WSP）和封装法（PSO）的混合变量选择方法（V – WSP – PSO）以实现 LIBS 光谱特征变量的精准筛选。该方法首先通过 V – WSP 方法消除一部分冗余变量，以形成简化的输入子集；其次通过粒子群优化方法进一步优化剩余的变量，以找到一组具有较高预测精度的变量；最后基于选择的变量构建用于煤热值测定的 V – WSP – PSO – KELM 校正模型。

4.2.1 化学计量学算法

4.2.1.1 V – WSP 算法

V – WSP 是由 Ballabio 等提出的无监督变量选择方法。其灵感来自为空间设计实验而开发的 Wootton，Sergent，Phan – Tan – Luu（WSP）算法。V – WSP 算法的计算步骤如下：

①选择初始变量 x_i 和阈值；②计算初始变量 x_i 和其他所有变量之间的皮尔逊相关系数；③消除与初始变量的相关系数大于预设阈值的变量；④使用剩余变量

中与初始变量 x_i 具有最大相关系数的变量代替 x_i；⑤重复步骤②—④，直到没有更多变量可被选择。

4.2.1.2 V－WSP－PSO 算法

基于 V－WSP 和 PSO，提出一种混合变量选择方法（V－WSP－PSO）用于 LIBS 光谱的变量筛选，并构建 V－WSP－PSO－KELM 模型以实现煤炭热值的定量分析。该方法的计算流程如图 4－13 所示，主要分为以下 4 个步骤：①使用归一化方法对原始光谱数据进行预处理；②使用基于 V－WSP 的过滤法消除一部分冗余变量；③使用基于 PSO 的封装法进一步优化剩余的变量，获得最终变量子集；④基于最终变量子集构建 KELM 模型用于煤热值测定。

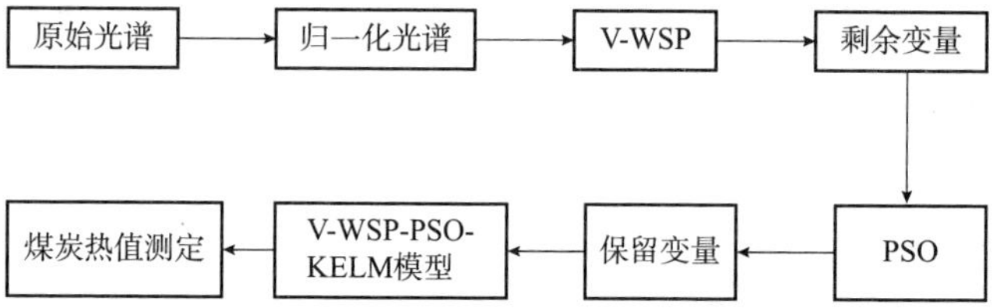

图 4－13 V－WSP－PSO－KELM 方法的流程图

4.2.2 V－WSP－PSO－KELM 模型构建

同样使用 KELM 方法基于选择的变量构建煤炭热值定量分析模型，并使用网格搜索方法结合 10－折交叉验证基于 2 的指数（2^0，2^1，…，2^{29}，2^{30}）对 KELM 的惩罚参数 C 和核参数 γ 进行优化。此外，在进行变量选择之前，所有光谱数据均经过归一化预处理。

基于提出的 V－WSP－PSO 方法对 LIBS 光谱进行变量选择。在变量选择之前，先使用 V－WSP 方法消除所有变量之间的多重共线性。对于 V－WSP 方法，基于 10－折交叉验证对初始变量和阈值这两个重要参数进行优化，$RMSE_{CV}$ 和 R_{CV}^2 作为评价指标。表 4－3 列出了不同阈值对应的变量个数和交叉验证结果。从表 4－3 可以看出，阈值 0.95 对应于最佳 $RMSE_{CV}$ 和 R_{CV}^2 值。因此，选择 0.95 作为 V－WSP 的阈值。而对于不同的初始变量，$RMSE_{CV}$ 和 R_{CV}^2 值没有明显差异，因此直接选择第一个变量作为初始变量。基于优化后的 V－WSP 方法对 LIBS 光谱进行变量筛选，获得的变量个数为 424，仅保留了总光谱点数（27620）的 1.54%。

表 4 – 3 不同阈值对应的变量个数和交叉验证结果

阈值	变量个数	R_{CV}^2	$RMSE_{CV}$ ($MJ \cdot kg^{-1}$)
0.70	27	0.8558	1.5909
0.75	36	0.9262	1.1270
0.80	55	0.9388	1.0174
0.85	81	0.9362	1.0529
0.90	151	0.9059	1.2774
0.95	424	0.9573	0.8566
0.99	5174	0.9434	0.9856

在 V – WSP 方法的基础上，使用 PSO 算法进一步优化剩余变量以提高模型预测精度。对于 PSO 算法，粒子数、加速系数（$c1$ 和 $c2$）和最大迭代次数是其重要的参数。为了获得最优结果，需对以上这些参数进行优化以获得最佳参数组合。在 PSO 方法的相关应用中，$c1$ 和 $c2$ 通常设置为 2，并且获得了很好的结果。因此，在本研究中没有对加速系数进行优化，直接使用 2 作为 $c1$ 和 $c2$ 的值。然后，基于 10 – 折交叉验证在 20 ~ 100 之间对粒子数进行了优化。在经过几次运行后，发现不同粒子数所对应的适应度值没有明显差异，但随着粒子数的增加，执行时间显著增加。因此，最佳粒子数设置为 20。此外，为了观察每次迭代过程中 PSO 的性能，300 次迭代对应的适应度收敛曲线如图 4 – 14 所示。从图 4 – 14 可以看出，在第一次迭代后适应度值发生了显著变化。随着迭代次数的增加，适应度值缓慢变化，并且在 200 次迭代之后逐渐趋于稳定。基于优化的 PSO 方法进一步消除剩余光谱数据中的冗余信息，最终获得的变量个数为 114。

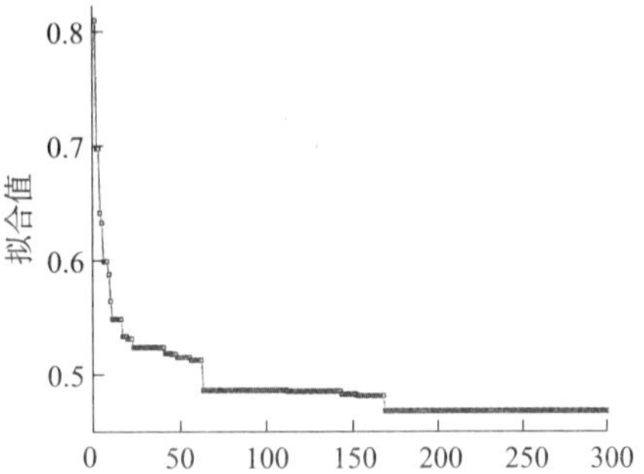

图 4 – 14 不同迭代次数对应的拟合值

使用 V – WSP – PSO 方法进行变量筛选后保留的特征光谱如图 4 – 15 所示。与图 4 – 16 中的原始光谱相比，V – WSP – PSO 方法滤除了大量的背景和冗余信息。根据文献中的估算公式，热值的计算与煤中碳、氢、氧、氮、硫、硅、铁、钙、镁、钾、钠、铝和钛元素的含量有关。然而，通过 V – WSP – PSO 方法进行变量筛选后，以上这些元素的部分特征线被消除，仅 C(Ⅰ) 247.86nm、Si(Ⅰ)

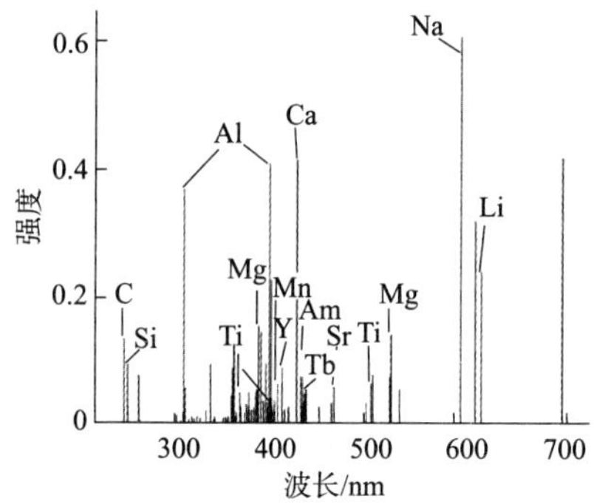

图 4 -15　使用 V - WSP - PSO 方法进行变量筛选后保留的特征光谱

251.43nm、Al（Ⅰ）308.21nm、Ti（Ⅰ）364.26nm、Ti（Ⅰ）365.35nm、Mg（Ⅰ）383.23nm、Al（Ⅰ）394.40nm、Ti（Ⅰ）399.86nm、Mn（Ⅰ）403.07nm、Ca（Ⅰ）422.67nm、Ti（Ⅰ）498.17nm、Mg（Ⅰ）518.36nm 和 Na(Ⅰ)589.60nm 特征线被保留。此外，还保留了元素钇、镅、铽和锶的一些特征线。这表明，在使用 LIBS 光谱对煤热值进行分析时，由于煤的复杂组成和分子结构，依据先验知识筛选出的特征线进行热值计算是不可靠的。为了进一步探索所提出方法的性能，基于筛选出的变量构建 KELM 模型用于煤热值测定，并使用 10 - 折交叉验证和预测集对 V - WSP - PSO - KELM 模型预测性能进行评估。

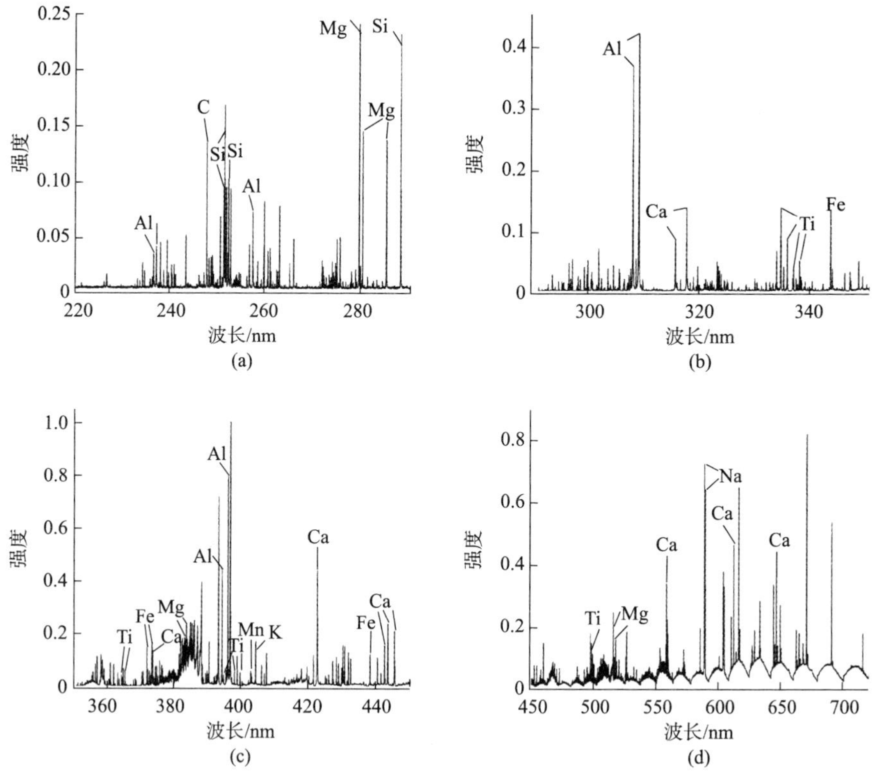

图 4 -16　煤炭样品的平均归一化光谱

4.2.3 V－WSP－PSO－KELM 模型性能评估

基于 V－WSP－PSO 选出的变量代替全谱建立 KELM 模型用于煤炭热值的测定。为了进一步验证模型的预测性能，获得最优的热值预测结果，将 V－WSP－PSO－KELM 模型得到的结果与 KELM、V－WSP－KELM、PSO－KELM、WT－KELM、WT－MIV－KELM、WT－PSO－KELM 和 MC－UVE－KELM 模型的结果进行对比。其中 KELM、PSO－KELM、WT－KELM 和 WT－MIV－KELM 模型在第三章和 4.1 中已进行了详细介绍。WT－PSO 方法则是一种基于 WT 和 PSO 的混合变量选择方法。该方法与 WT－MIV 方法相似，使用 PSO 代替了其中的 MIV 用于进一步筛选 WT 保留的小波系数。对于 PSO 的参数，加速系数 $c1$ 和 $c2$ 都设置为 2，粒子大小设置为 20，且通过 500 次迭代，数据集平滑收敛到最优值。MC－UVE 则是基于蒙特卡洛（MC）和无信息变量消除（UVE）的变量选择方法，该方法在近红外光谱变量选择中得到广泛应用。对于 MC－UVE 方法，蒙特卡洛迭代次数设置为 1000，并且在每次迭代过程中，随机选择 70% 的样本作为训练子集。

表 4－4 显示了上述模型对应的参数、变量个数和预测结果。从表 4－4 可以看出，基于变量选择的 7 个模型中有 5 个比全谱模型具有更好的预测性能，其中 V－WSP－PSO－KELM 模型获得了最优的交叉验证（$RMSE_{CV}$ = 0.4013MJ/kg，R_{CV^2} = 0.9908）和测试集（$RMSE_P$ = 0.3534MJ/kg 和 R_{P^2} = 0.9894）结果。其中，V－WSP－KELM 和 MC－UVE－KELM 模型的性能略差于全谱模型。产生这种结果的可能原因：对于 V－WSP－KELM 模型，虽然 V－WSP 方法可以消除变量之间的多重共线性从而减少变量个数，但在变量选择过程中没有考虑所选变量对模型性能的影响，从而导致预测结果较差；而对于 MC－UVE－KELM 模型，首先基于线性方法（PLS）选择变量，其次使用非线性方法（KELM）基于所选变量进行建模和预测，由于两种方法的原理不同，PLS 所选变量不一定适合 KELM 方法，从而影响模型预测性能。PSO－KELM 模型在基于单一变量选择方法的 3 个模型（V－WSP－KELM、PSO－KELM 和 WT－KELM）中获得了最优结果，表明基于封装法的 PSO 算法优于 V－WSP 和 WT 方法。两种混合变量选择方法 WT－PSO 和 V－WSP－PSO 则进一步提高了 PSO 算法的性能。混合变量选择方法 WT－MIV 也提高了单一变量选择方法 WT 的性能。除此之外，混合变量选择方法还可以进

一步优化变量的个数，如通过 V – WSP – PSO 方法提取出的变量仅为全谱的 0.41%，在很大程度上减少了对 KELM 校正模型没有贡献的变量。综上所述，混合变量选择方法有助于进一步减少变量个数，提高模型预测性能。

表 4 – 4　不同模型对应的参数、变量个数和预测结果

煤质指标	模型参数		变量个数	10 – 折交叉验证		测试集	
	C	γ		$RMSE_{CV}$/(MJ·kg^{-1})	R_{CV}^2	$RMSE_{CV}$/(MJ·kg^{-1})	R_{P}^2
KELM	2^{15}	2^{12}	27620	0.8518	0.9582	1.2584	0.9608
V – WSP – KELM	2^{13}	2^{5}	424	0.8566	0.9573	1.2561	0.9145
PSO – KELM	2^{15}	2^{7}	1092	0.5880	0.9809	0.6999	0.9746
WT – KELM	2^{15}	2^{11}	881	0.7151	0.9704	0.9935	0.9629
WT – MIV – KELM	2^{23}	2^{16}	142	0.5723	0.9811	0.6151	0.9759
WT – PSO – KELM	2^{17}	2^{10}	204	0.5391	0.9833	0.4886	0.9825
MC – UVE – KELM	2^{22}	2^{13}	1399	1.1271	0.9283	1.8107	0.9688
V – WSP – PSO – KELM	2^{19}	2^{9}	114	0.4013	0.9908	0.3534	0.9894

此外，图 4 – 17 显示了 V – WSP、PSO 和 V – WSP – PSO 3 种变量选择方法的运行时间。从图 4 – 17 可以看出，V – WSP 方法运行时间最短，而 PSO 在这 3 种方法中所需运行时间最长。这是因为基于 V – WSP 的过滤法独立于任何学习算法，而 PSO 作为基于迭代的封装法，则需要较长的运行时间。此外，所提出的混合变量选择方法 V – WSP – PSO 的运行时间为 221.69s，明显优于 PSO 算法。这说明所提出的方法确实结合了过滤法运行速度快的优势。

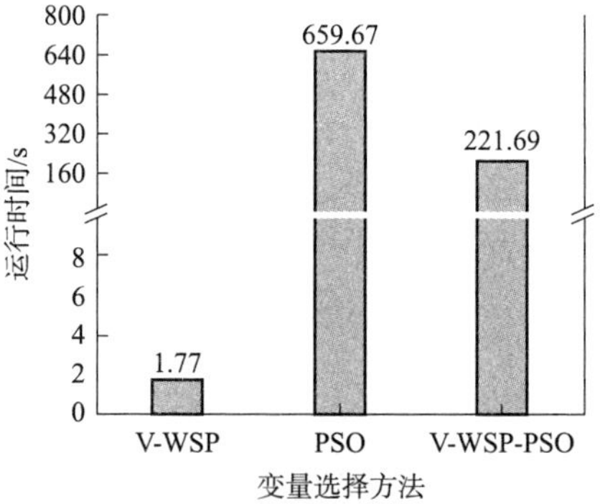

图 4 – 17　不同变量选择方法对应的运行时间

上述研究表明，与其他变量选择方法相比，所提出的 V - WSP - PSO 方法在预测精度和所选变量个数方面均具有明显优势。该方法首先通过 V - WSP 消除一部分冗余变量，以形成简化的输入子集；其次通过 PSO 方法进一步优化剩余的变量，以找到一组具有较高预测精度的变量；最后基于获得的变量构建用于煤热值测定 V - WSP - PSO - KELM 校正模型。与基于其他变量选择方法的 KELM 校正模型相比，V - WSP - PSO - KELM 模型具有最优的预测性能，最优的 $RMSE_P$ 和 R_{p^2} 分别为 0. 3534MJ/kg 和 0. 9894。此外，与基于 PSO 的封装法相比，所提出方法的运行时间也明显得到改善。总的来说，基于 V - WSP - PSO 的混合变量选择方法可有效缩短优化时间，提高 LIBS 定量分析性能。

参考文献

[1] Chen D, Cai W S, Shao X G. Removing uncertain variables based on ensemble partial least squares[J]. Analytica Chimica Acta, 2007, 598(1): 19 - 26.

[2] Mehmood T, Liland K H, Snipen L, et al. A review of variable selection methods in partial least squares regression[J]. Chemometrics and Intelligent Laboratory Systems, 2012, 118: 62 - 69.

[3] Kannan S S, Ramaraj N. A novel hybrid feature selection via Symmetrical Uncertainty ranking based local memetic search algorithm [J]. Knowledge - Based Systems, 2010, 23 (6): 580 - 585.

[4] Hsu H H, Hsieh C W, Lu M D. Hybrid feature selection by combining filters and wrappers[J]. Expert Systems with Applications, 2011, 38(7): 8144 - 8150.

[5] Ghareb A S, Bakar A A, Hamdan A R. Hybrid feature selection based on enhanced genetic algorithm for text categorization[J]. Expert Systems with Applications, 2016, 49: 31 - 47.

[6] Vergara J R, Estévez P A. A review of feature selection methods based on mutual information[J]. Neural Computing and Applications, 2014, 24(1): 175 - 186.

[7] Liu H, Setiono R Chi2: Feature selection and discretization of numeric attributes[C]//Proceedings of 7th IEEE International Conference on Tools with Artificial Intelligence. IEEE, 1995: 388 - 391.

[8] Uğuz H. A two - stage feature selection method for text categorization by using information gain, principal component analysis and genetic algorithm[J]. Knowledge - Based Systems, 2011, 24 (7): 1024 - 1032.

[9] Cai W S, Li Y K, Shao X G. A variable selection method based on uninformative variable elimination for multivariate calibration of near - infrared spectra[J]. Chemometrics and Intelligent Labora-

tory Systems, 2008, 90(2): 188 - 194.

[10] Xu H, Liu Z C, Cai W S, et al. A wavelength selection method based on randomization test for near - infrared spectral analysis[J]. Chemometrics and Intelligent Laboratory Systems, 2009, 97(2): 189 - 193.

[11] Pontes M J C, Cortez J, Galvão R K H, et al. Classification of Brazilian soils by using LIBS and variable selection in the wavelet domain[J]. Analytica Chimica Acta, 2009, 642(1 - 2): 12 - 18.

[12] Yun Y H, Li H D, Deng B C, et al. An overview of variable selection methods in multivariate analysis of near - infrared spectra[J]. TrAC Trends in Analytical Chemistry, 2019, 113: 102 - 115.

[13] Bermejo P, Gámez J A, Puerta J M. A GRASP algorithm for fast hybrid(filter - wrapper)feature subset selection in high - dimensional datasets. [J]. Pattern Recognition Letters, 2011, 32(5): 701 - 711.

[14] Yun Y H, Bin J, Liu D L, et al. A hybrid variable selection strategy based on continuous shrinkage of variable space in multivariate calibration[J]. Analytica Chimica Acta, 2019, 1058: 58 - 69.

[15] Belouch M, Elhadaj S, Idhammad M. A hybrid filter - wrapper feature selection method for DDoS detection in cloud computing[J]. Intelligent Data Analysis, 2018, 22(6): 1209 - 1226.

[16] Daubechies I. The wavelet transform, time - frequency localization and signal analysis[J]. IEEE Transactions on Information Theory, 1990, 36(5): 961 - 1005.

[17] Combes J M, Grossmann A. Wavelets: Time - Frequency Methods and Phase Space[M]. Berlin: Springer - Verlag, 1989.

[18] Shao X G, Leung A K M, Chau F T. Wavelet: a new trend in chemistry[J]. Accounts of Chemical Research, 2003, 36(4): 276 - 283.

[19] Shao X G, Wang F, Chen D, et al. A method for near - infrared spectral calibration of complex plant samples with wavelet transform and elimination of uninformative variables[J]. Analytical and Bioanalytical Chemistry, 2004, 378(5): 1382 - 1387.

[20] Hoang V D. Wavelet - based spectral analysis[J]. TrAC Trends in Analytical Chemistry, 2014, 62: 144 - 153.

[21] Dombi G W, Nandi P, Saxe J M, et al. Prediction of rib fracture injury outcome by an artificial neural network[J]. The Journal of Trauma: Injury, Infection, and Critical Care, 1995, 39(5): 915 - 921.

[22] Liu X, Shang W, He C, et al. Simultaneous quantitative prediction of tensile stress, surface

hardness and case depth in medium carbon steel rods based on multifunctional magnetic testing techniques[J]. Measurement, 2018, 128: 455 -463.

[23]Wang Q, Liu Y, Pan X. Atmosphere pollutants and mortality rate of respiratory diseases in Beijing[J]. Science of the Total Environment, 2008, 391(1): 143 - 148.

[24]Mallat S G. A theory for multiresolution signal decomposition: the wavelet representation[J]. IEEE Transactions on Pattern Analysis and Machine Intelligence, 1989, 11(7): 674 -693.

[25]Chui C K. Wavelets: A tutorial in theory and applications[M]. Pittsburgh: Academic Press, 1992.

[26] Ballabio D, Consonni V, Mauri A, et al. A novel variable reduction method adapted from space - filling designs[J]. Chemometrics and Intelligent Laboratory Systems, 2014, 136: 147 - 154.

[27]Santiago J, Claeys - Bruno M, Sergent M. Construction of space - filling designs using WSP algorithm for high dimensional spaces[J]. Chemometrics and Intelligent Laboratory Systems, 2012, 113: 26 -31.

[28]Beal A, Claeys - Bruno M, Sergent M. Constructing space - filling designs using an adaptive WSP algorithm for spaces with constraints[J]. Chemometrics and Intelligent Laboratory Systems, 2014, 133: 84 -91.

5 光谱融合技术在煤质分析中的应用

引言

相关研究表明，LIBS 技术与化学计量学方法相结合可实现灰分、挥发分和热值等煤质指标的快速测定。在大多数情况下，单一技术已经无法满足煤炭工业分析的需求。例如，煤炭灰分、挥发分和热值的计算不仅与煤中元素组成有关，还与煤炭的分子结构和组成有关，使用 LIBS 技术只能获得煤炭的元素组成信息，无法获得其分子结构信息，从而可能因获取信息不全面导致煤质分析结果的准确性较差。

红外光谱(Infrared Spectroscopy，IS)属于分子振动光谱，是研究分子结构的有力手段。煤炭的红外光谱包含许多反映其分子结构的信息，从而可用于煤炭分子结构的鉴定、质量的评价以及种类的判别等。Wang 等利用近红外反射光谱对6 种煤质指标进行了分析。首先，使用主成分分析和支持向量机对不同类型煤样进行分类；其次，对不同类型煤样分别构建偏最小二乘回归模型；最后，对比基于全部样本的偏最小二乘模型，预测结果得到了显著提高。Gómez 等提出使用傅里叶变换红外光声光谱法结合偏最小二乘算法测定煤炭灰分、挥发分、固定碳和热值。结果显示，预测值和参考值之间具有很好的相关性。因此，基于 LIBS 和IR 两种技术的互补性，将两种技术获得的光谱数据进行融合，可进一步提高煤质分析结果的准确性和可靠性。但是，在实际应用中，不同技术获得的数据可能存在不同程度的不确定性，直接使用这些不确定信息可能导致矛盾的结论。因此，有必要设计一种融合策略解决该类问题。

数据融合是指将多个传感器获得的数据和信息在一定准则下进行分析、综合，获得对被测对象的一致性解释与描述，进而完成所需的决策和估计任务而进行的信息处理过程。数据融合技术可获得比单一技术更全面的信息，从而克服了单一技术的不确定性和局限性，取得了更为准确的结果。近年来，将 LIBS 技术获得的数据与其他技术数据进行融合也成为提高 LIBS 分析结果准确性的一个研究方向。Prochazka 等基于 LIBS 和拉曼光谱融合技术对细菌进行识别和分类。结果表明，LIBS 和拉曼光谱的融合可以显著提高细菌和菌株的鉴别和分类精度。Gamela 等探索基于 LIBS 和波长色散 X 射线荧光技术的初级数据融合策略在豆类样品中钾、镁和磷快速测定中的应用。结果表明，该方法具有较好的准确性和鲁棒性。基于 LIBS 和红外光谱的数据融合策略应用相对较少。Xu 等使用基于 LIBS 和傅里叶变换衰减全反射红外光谱的数据融合策略结合多变量校正方法对土壤有机质进行了检测。结果表明，中级数据融合策略可显著提高土壤中有机质含量测定结果的准确性。Qin 等为了提高煤质分析性能，提出了一种基于 LIBS 和傅里叶变换红外光谱(Fourier Transform Infrared Spectroscopy，FTIS)的数据融合策略。与单独的 LIBS 和 FTIR 光谱获得的结果相比，融合光谱获得的预测均方根误差、平均绝对误差和平均相对误差显著减小，但决定系数没有得到明显的改善。以上研究表明，将 LIBS 技术与其他技术相结合可得到更为全面的物质成分信息，从而提高分析结果的准确性和可靠性。

综上所述，探究基于 LIBS 和 FTIR 的光谱融合策略对煤质指标进行快速分析的可行性具有重要意义。首先，建立基于初级数据融合和基于主成分分析的中级数据融合的 KELM 模型以实现煤炭灰分、挥发分和热值的测定，将结果与基于 LIBS 和 FTIR 的 KELM 校正模型预测性能进行对比；其次，针对 LIBS 和 FTIR 光谱矩阵维数相差较大，融合光谱中存在干扰信息较多的问题，提出一种基于 MI 和 PSO 的混合变量选择方法(MI－PSO)，并在此基础上建立基于 MI－PSO 的初级数据融合、基于 MI－PSO 的中级数据融合以及基于 MI－PSO 和 PCA 的中级数据融合的 KELM 校正模型以实现煤炭灰分、挥发分和热值的测定；最后，建立基于高级数据融合的 KELM 模型用于煤中碳元素、灰分、挥发分和热值的测定，并提出基于海洋捕食者算法的 KELM 模型参数和输入变量同时优化方法。以进一步提高数据融合模型的预测性能。

5.1 光谱采集与解析

5.1.1 LIBS 光谱采集

45 个煤样品被用于验证模型的准确性和普适性。在建模过程中，使用 3 折交叉验证从 45 个煤样中随机选取 30 个样品作为校正集构建校正模型，其余 15 个样品作为测试集。在 LIBS 光谱采集过程中，将每个粉末样品在 28MPa 压力下持续 5min 压制成片状。使用 1064nm Q 开关 Nd：YAG 激光器(Litron，Nano L120 - 20，UK)作为激发光源，激光脉冲持续时间为 1ns，重复频率为 10Hz，激光能量为 12mJ。测定过程中，将所有片状样品直接放置在可手动微调的 X - Y - Z 样品台上，在大气压下进行测量。激光通过一个焦距为 15cm 的透镜聚焦到样品表面以烧蚀样品，并产生直径为 200μm 的斑点。此过程中产生的等离子体发射通过一个与激光束成 45°角的石英准直透镜耦合到一根长 5m 的光纤，然后通过光纤传输进 Echelle 光谱仪(AryelleButterfly，LTB200，Germany)，并通过增强电荷耦合器件(Intensified Charge Coupled Device，ICCD)将光信号转换为电信号。在光谱仪入口狭缝前装有机械斩波器用于防止 ICCD 检测来自等离子体的早期连续辐射。实验的最佳延迟时间设置为 3μs，门宽设置为 2ms。使用 Hg - Ar 灯校准 LIBS 光谱的波长。测定过程中，每个片上选取 20 个不同的位置进行 LIBS 光谱采集。此外，为了减少激光脉冲波动带来的影响，提高谱线的信噪比，每个测量光谱通过叠加 10 次激光脉冲获得。

5.1.2 FTIR 光谱采集

在 FTIR 光谱采集过程中，直接基于粉末样品进行分析。使用配备有干涉仪、KBr 分束器和氘代硫酸三甘氨酸(DTGS)检测器的 FTIR 光谱仪(VERTEX 70，Bruker，Germany)在 4000 ~ 400cm^{-1}(分辨率，4cm^{-1}；扫描速度，7.5kHz；背景，20 次扫描；样品，20 次扫描)范围内收集样品的红外光谱数据。测定过程中，将样品直接放置在单反射的锗晶体 ATR 上。在样品测试之前，以空气作为空白采集背景光谱。为了减少单次测试引起的误差，每个样品测试了 3 次。计算过程中将 3 次测试的平均光谱作为分析光谱。OPUS 软件用于频谱采集。

5.1.3　光谱解析

图 5－1 显示了一个代表性煤炭样品的平均 LIBS 和 FTIR 光谱。对于 LIBS 光谱，图 5－1(a)标出了根据 NIST 数据库识别出的煤样中部分元素(碳、硅、钙、镁、铝、铁、锰、钠和钛)的特征谱线以及两条分子线(CN 和 C2)。图 5－1(b)则展示了 400～4000cm^{-1}范围内煤样品的红外光谱。从图 5－1(b)可以看出，在光谱区域 700～900、950～1250、1370～1375、1615～1585、2920～2850 和 1601～1610cm^{-1}中观察到煤炭样品的红外谱峰。根据文献所述，700～900cm^{-1}处的谱峰与芳香族 C—H 的面外弯曲有关，其中 744、796 和 866cm^{-1}附近的吸收峰分别与 1 个相邻氢(866cm^{-1})、2 个和(或)3 个相邻氢(796cm^{-1})及 4 个相邻氢(744cm^{-1})取代芳香环的振动有关；950～1250cm^{-1}处的谱峰则与芳香族 C—O 的伸缩振动有关；1550～1610cm^{-1}处的谱峰与芳香族C═C伸缩振动相关；2920～2850cm^{-1}处的谱峰则与脂族 CH 的伸缩振动相关。

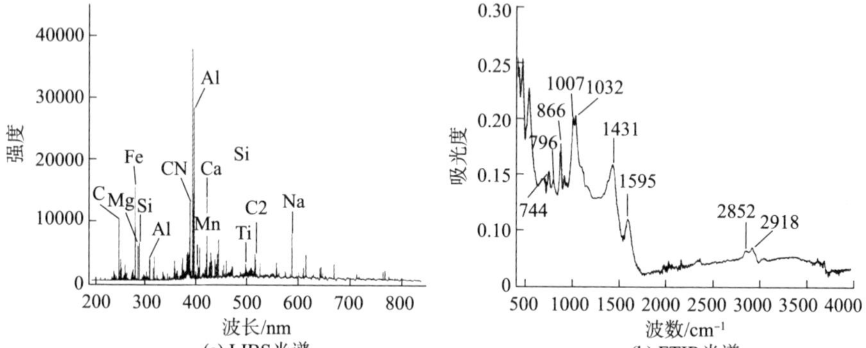

(a) LIBS光谱　　(b) FTIR光谱

图 5－1　煤样的平均 LIBS 和 FTIR 光谱

5.2　初级和中级光谱数据融合策略在煤质分析中的应用

在红外光谱中，中红外光谱依据其仪器发展的成熟化、测试的简单化以及谱图数据资料的丰富化而获得了广泛的关注及应用。且随着近年来仪器制造技术、计算机技术以及化学计量学方法的发展，中红外光谱也越来越多地应用于现场应急分析和在线过程分析等领域。因此，基于 LIBS 和中红外光谱提供的协同和互补信息有望实现煤质指标的准确快速分析。

5.2.1 光谱融合策略

5.2.1.1 初级数据融合

在初级数据融合中，直接将 LIBS 和 FTIR 光谱矩阵首尾连接，获得一个新的融合光谱矩阵。一般在融合之前，需对光谱进行预处理，以消除不同技术产生的光谱数据之间的量级差异，从而避免在数据分析过程中某一技术的数据占主导地位，影响融合模型的预测性能，具体过程如图 5－2(a)所示：首先使用归一化方法分别对 LIBS 和 FTIR 光谱数据进行预处理，其次把预处理后的光谱数据进行融合，最后使用融合后的光谱矩阵构建 KELM 模型用于定量分析。

5.2.1.2 基于 PCA 的中级数据融合

中级数据融合，也称为特征级融合。融合前，首先通过合适变量选择或特征提取算法分别对每种技术原始数据进行筛选，然后将筛选出的特征信息进行融合。与初级数据融合相比，中级数据融合通常更有效。因为中级数据融合可以最大限度地减少数据中的冗余信息，并可以最大化融合矩阵中的相关信息，具体过程如图 5－2(b)所示：首先使用 PCA 对预处理后 LIBS 和 FTIR 光谱进行降维分析，其次将提取的特征(主成分，PCs)融合，最后使用融合后的光谱矩阵构建 KELM 模型用于定量分析。

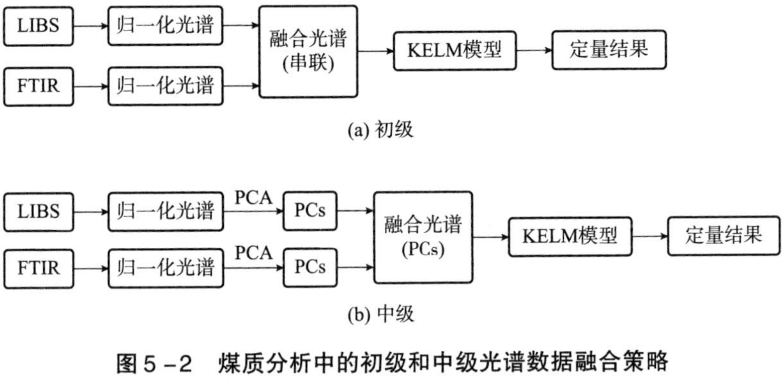

图 5－2 煤质分析中的初级和中级光谱数据融合策略

PCA 是一种降低数据集维数、增加可解释性、同时最小化信息损失的技术。

其主要思想是重构，即通过原始数据集中变量的线性函数创建新的不相关变量。新变量，即主成分，可以简化为求解特征值和特征向量的问题，并且新变量是通过分析数据集定义的，而不是先验的。因此 PCA 为一种自适应数据分析方法。该方法的特点是简单且容易操作，在很多领域得到了广泛应用。

5.2.2 模型构建

5.2.2.1 LIBS 和 FTIR 模型

分别建立基于 LIBS 和 FTIR 光谱数据的 KELM 定量模型用于煤炭灰分、挥发分和热值的测定。通过 5 – 折交叉验证和网格搜索方法基于步长 $2^{0.5}$ 在 2^{0} ~ 2^{30} 范围内对 KELM 的惩罚参数 C 和核参数 γ 进行优化。基于 LIBS 和 FTIR 光谱数据建立的 KELM 定量模型对应的最佳参数和获得的定量结果如表 5 – 1 所示。从表 5 – 1 可以看出，对于 3 种煤质指标，基于 LIBS 光谱的 KELM 模型获得的结果较差，特别是对于挥发分的测定，R_{CV^2} 和 R_{P^2} 值均低于 0.80，而 $RMSE_{CV}$ 和 $RMSE_P$ 值均大于 4.4%；而对比基于 LIBS 光谱的 KELM 模型，基于 FTIR 光谱的 KELM 模型对于 3 种煤质指标的测定均获得了较好的预测结果，R_{CV^2} 和 R_{P^2} 值均在 0.95 以上，$RMSE_{CV}$ 和 $RMSE_P$ 值均低于 1.9% 或 1.9MJ/kg。这表明，基于 FTIR 光谱建立的 KELM 定量模型可用于煤炭灰分、挥发分和热值的测定，证明红外光谱可作为一种简单直接的方法对煤炭灰分、挥发分和热值进行评估。

表 5 – 1　基于 LIBS 和 FTIR 的 KELM 模型对应的定量结果

方法	煤质指标	模型参数		5 – 折交叉验证		测试集	
		C	γ	R_{CV^2}	$RMSE_{CV}$	R_{P^2}	$RMSE_P$
LIBS	灰分含量/%	2^{12}	$2^{8.5}$	0.8647	2.9043	0.8723	2.7728
	挥发分含量/%	$2^{4.5}$	$2^{4.5}$	0.6793	6.7232	0.7580	4.4817
	热值/(MJ · kg⁻¹)	2^{15}	$2^{12.5}$	0.9014	1.0115	0.9175	0.9928
FTIR	灰分含量/%	2^{17}	2^{11}	0.9553	1.8891	0.9699	1.2239
	挥发分含量/%	2^{15}	2^{10}	0.9770	1.4237	0.9766	1.5611
	热值/(MJ · kg⁻¹)	2^{18}	$2^{11.5}$	0.9628	0.8569	0.9709	0.6601

5.2.2.2 融合模型

数据融合试图将多个仪器收集到的同一组样本的数据集成到一个模型中，

从而获得比单个仪器更高的预测准确性。尽管 5.2.2.1 中研究表明基于 FTIR 数据可以建立相对准确的定量模型用于煤炭灰分、挥发分和热值的测定，但基于 LIBS 数据获得的结果相对较差。此外，并非所有样本的最优结果均由基于 FTIR 的 KELM 模型获得。也就是说，尽管基于 FTIR 的 KELM 模型获得了较好的 R^2 和 RMSE 值，但并不一定所有预测样本的结果均是最优的。以热值测定为例，表 5－2 列出基于 LIBS 和 FTIR 光谱的 KELM 模型所获得的 15 个测试集样本的预测值及相对误差值。从表 5－2 中可以看出，对于多数样本，FTIR 模型获得的热值预测值比 LIBS 模型获得的预测值更接近于参考值，具有较小的相对误差。但仍有部分样品(4、7、12、13、14)与之相反。因此，为了提高每一个样品的预测准确度，进一步发展基于初级和中级数据融合的 KELM 模型用于煤炭灰分、挥发分和热值的测定。

表 5－2　基于 LIBS 和 FTIR 光谱的 KELM 模型获得的热值预测值和相对误差

样本编号	参考值/(MJ·kg^{-1})	LIBS		FTIR	
		预测值/(MJ·kg^{-1})	相对误差/%	预测值/(MJ·kg^{-1})	相对误差/%
1	31.23	32.51	4.11	31.22	0.033
2	31.74	31.06	2.13	31.24	1.56
3	31.19	30.45	2.36	31.25	0.20
4	20.87	20.62	1.19	21.85	4.68
5	23.72	25.31	6.72	25.03	5.53
6	29.58	28.34	4.19	29.30	0.95
7	31.39	32.11	2.29	30.27	3.57
8	30.00	32.17	7.22	29.98	0.078
9	31.50	30.95	1.75	31.49	0.042
10	25.57	25.43	0.53	25.50	0.25
11	26.02	25.26	2.93	25.28	2.86
12	26.57	26.72	0.55	27.40	3.12
13	25.90	25.09	3.11	26.81	3.52
14	26.03	25.90	0.51	25.78	0.95
15	24.14	25.24	4.54	24.51	1.52

对于初级数据融合，首先，使用归一化方法对光谱进行预处理，从而赋予不

同技术获得的数据相似的权重；其次，将归一化后的 LIBS 和 FTIR 光谱数据直接首位相接以获得融合光谱矩阵，融合光谱矩阵的行数等于样本数，列数等于 LIBS 和 FTIR 光谱变量的和；最后，基于融合后的矩阵构建 KELM 模型用于煤炭灰分、挥发分和热值的测定。表 5－3 展示了基于融合光谱的 KELM 模型的最佳参数组合和所获得的定量结果。如表 5－3 所示，对于 3 种煤质指标，初级数据融合模型获得的 R_{CV^2} 和 R_{P^2} 值均在 0.95 以上，$RMSE_{CV}$ 和 $RMSE_P$ 值低于 1.8% 或 1.8MJ/kg。可以看出，融合模型预测性能优于基于 LIBS 光谱的 KELM 模型，但与基于 FTIR 光谱的 KELM 模型相差不大，仅仅在灰分测定时，基于初级数据融合的 KELM 模型获得的结果（$R_{CV^2}=0.9637$、$RMSE_{CV}=1.7216\%$、$R_{P^2}=0.9792$、$RMSE_P=1.0802\%$）稍优于基于 FTIR 的 KELM 模型获得的结果（$R_{CV^2}=0.9553$、$RMSE_{CV}=1.8891\%$、$R_{P^2}=0.9699$、$RMSE_P=1.2239\%$）。对于挥发分和热值，其结果都稍差于基于 FTIR 的 KELM 模型的结果。

表 5－3　基于融合光谱的 KELM 模型对应的定量结果

方法	煤质指标	模型参数		5－折交叉验证		测试集	
		c	g	R_{CV^2}	$RMSE_{CV}$	R_{P^2}	$RMSE_P$
初级数据融合	灰分含量/%	$2^{16.5}$	2^{12}	0.9637	1.7216	0.9792	1.0802
	挥发分含量/%	2^{14}	2^{12}	0.9737	1.7908	0.9708	1.6044
	热值/(MJ·kg^{-1})	2^{20}	$2^{18.5}$	0.9598	0.9397	0.9648	0.6620
中级数据融合	灰分含量/%	2^{15}	2^{7}	0.9277	2.0814	0.9479	1.9520
	挥发分含量/%	$2^{20.5}$	2^{19}	0.9718	1.9946	0.9601	1.8774
	热值/(MJ·kg^{-1})	2^{14}	2^{7}	0.9257	1.0032	0.9308	0.9616

对于中级数据融合，如 5.3.1 所述，首先，基于 PCA 分别对 LIBS 和 FTIR 光谱进行降维处理；其次，将每个光谱矩阵获得的主成分连接起来，获得一个新的矩阵；最后，基于新矩阵构建 KELM 模型用于煤炭灰分、挥发分和热值测定。在本节研究中，使用 5－折交叉验证选取最优的主成分用于数据融合。对于 LIBS 光谱，灰分、挥发分和热值对应的最优主成分分别为 9、9 和 10；而对于 FTIR 光谱，灰分、挥发分和热值对应的最优主成分分别为 4、5 和 5。基于获得的主成分进行融合，对于灰分、挥发分和热值，获得的融合光谱变量数分别为 13、14 和 15。相比初级数据融合光谱，PCA 方法大大减少了光谱变量个数。分别使用获得的融合光谱构建 KELM 模型用于 3 种煤质指标的定量分析，其结果如表 5－3 所

示。从表 5-3 可以看出，对于 3 种煤质指标，中级数据融合模型获得的 R_{CV^2} 和 R_{P^2} 值均在 0.92 以上，$RMSE_{CV}$ 和 $RMSE_P$ 值均低于 2.1% 或 2.1MJ/kg。中级数据融合模型获得的结果优于基于 LIBS 的模型获得的结果，但与基于 FTIR 和初级数据融合的 KELM 模型相比稍差。导致这种结果的可能原因是，PCA 为线性降维算法，虽然可有效降低光谱维数，但是同时也降低了定量分析结果的准确性。

综上所述，对于灰分的测定，基于初级数融合的 KELM 模型获得了最优的结果；而对于挥发分和热值，最优的结果都由基于 FTIR 光谱的 KELM 模型获得，数据融合并没有提高结果的准确性。这说明数据融合策略并不一定显著改善单一技术得到的结果，反而有可能导致结果准确性的下降。产生以上现象的原因可能有：第一，由不同的技术产生的数据维数差别较大，其中具有较大维数的数据易在融合光谱中占据主导地位，从而降低初级数据融合模型的预测性能，如本研究中涉及的 LIBS 光谱维数为 43399，但 FTIR 光谱维数仅有 1868；第二，数据融合过程中，直接对原始光谱进行融合或直接进行 PCA 降维分析，可能会导致融合光谱中包含更多的噪声和冗余信息，从而导致预测结果相对基于单一技术的模型并没有改善，反而降低。

5.3 基于 MI-PSO 的光谱数据融合策略在煤质分析中的应用

光谱数据融合可增强数据的可信度，提高信息利用率，从而提高分析结果的可靠性和鲁棒性。但合并两种技术获得的信息可能会产生更为复杂的数据，导致数据分析更困难。另外，对于光谱数据不平衡(矩阵维数相差较大)的情况，容易导致融合光谱中某一技术的光谱占主导地位。因此，使用合适的变量选择方法对融合前后的光谱数据进行变量筛选，有助于进一步提高模型计算效率和分析结果准确度。

基于互信息(MI)和粒子群优化(PSO)的混合变量选择方法(MI-PSO)，首先通过互信息法消除光谱数据中的冗余变量，其次通过粒子群优化对保留变量进行进一步筛选，从而找到一组具有较高预测精度的变量。互信息是统计学中用于表征两个特征之间相关性的一种方法。作为特征之间相关性的良好指标，与相关系数不同，互信息包含所有涉及相关性的信息，而不仅是线性相关性。因此，与仅关注变量间线性关系的变量选择方法相比，互信息具有更大的优势。

因此，针对 LIBS 和 FTIR 光谱矩阵维数相差较大，融合光谱中包含干扰信息较多的情况，提出基于 MI 和 PSO 的混合变量选择方法对光谱数据进行筛选，并在此基础上发展基于 MI－PSO 的初级数据融合、基于 MI－PSO 的中级数据融合以及基于 MI－PSO 和 PCA 的中级数据融合的 KELM 校正模型以实现煤炭灰分、挥发分和热值的准确快速测定。

5.3.1 化学计量学算法

5.3.1.1 互信息（Mutual Information，MI）算法

两个随机特征的互信息是两个特征之间相互依赖的量度。一般两个离散随机特征 X 和 Y 的互信息可以定义为：

$$I(X;Y) = \sum_{x \in X} \sum_{y \in Y} p(x,y) \log \frac{p(x,y)}{p(x)p(y)} \tag{5-1}$$

式中，$p(x, y)$是 X 和 Y 的联合概率密度函数，$p(x)$和$p(y)$分别是 X 和 Y 的边缘概率密度函数。

两个随机特征之间的互信息越大其相关性越好。如果互信息为零，则意味着两个特征之间是相互独立的。基于互信息的变量筛选方法，首先选择一个初始变量和阈值，并计算该初始变量与所有剩余变量之间的互信息值；其次删除互信息值大于预设阈值的变量，逐步选取剩余变量中具有最大互信息值的变量，并计算与其他剩余变量的互信息值，直到没有更多的变量可供选择为止。

5.3.1.2 互信息－粒子群优化（MI－PSO）

采用基于 MI－PSO 的混合变量选择方法对 LIBS 和融合光谱进行变量筛选。其主要计算步骤如下：

①使用互信息进行变量的初步筛选；②使用粒子群优化对步骤①中剩余的变量进行进一步优化，获得最终的输入变量；③基于获得的最终变量进行数据融合或者建模计算。

5.3.1.3 数据融合策略

基于 MI－PSO 和 5.2.1 中数据融合方法提出 3 种新的数据融合策略（基于

MI－PSO的初级数据融合、基于 MI－PSO 的中级数据融合以及基于 MI－PSO 和 PCA 的中级数据融合）以进一步提高定量分析结果的准确性。具体介绍如下。

基于 MI－PSO 的初级数据融合过程如图 5－3（a）所示：首先直接将预处理后的 LIBS 和 FTIR 光谱矩阵首尾连接，获得融合光谱矩阵；其次使用 MI－PSO 方法对融合光谱进行变量筛选；最后基于选出的变量构建 KELM 模型用于定量分析。

基于 MI－PSO 的中级数据融合过程如图 5－3（b）所示：在光谱数据融合之前，首先通过 MI－PSO 方法对 LIBS 光谱进行变量筛选；其次将选出的变量信息与 FTIR 光谱数据首尾相接获得融合光谱矩阵；最后使用融合后的矩阵构建 KELM 模型用于定量分析。

基于 MI－PSO 和 PCA 的中级数据融合过程如图 5－3（c）所示：在光谱数据融合之前，首先通过 MI－PSO 方法对 LIBS 光谱数据进行变量筛选获得特征矩阵；其次使用 PCA 分别对 LIBS 特征矩阵和 FTIR 光谱矩阵进行降维处理；最后使用提取的特征（主成分，PCs）进行融合，并基于融合后的矩阵构建 KELM 模型用于定量分析。

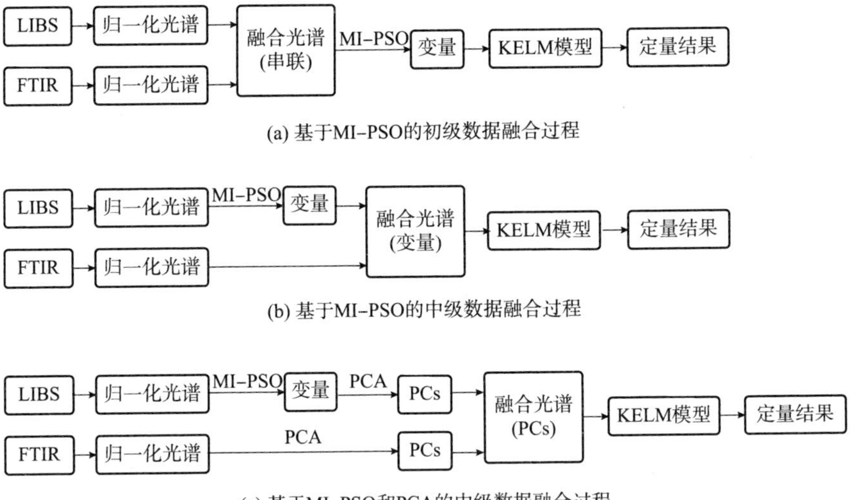

图 5－3　基于 MI－PSO 的 3 种数据融合策略流程图

5.3.2 模型构建

5.3.2.1 基于 MI – PSO 的初级数据融合模型

为了减少融合光谱中噪声和冗余信息对预测结果的影响，考虑使用基于 MI – PSO的混合变量选择方法对融合后的光谱进行变量筛选，即 5.3.1.3 中所描述的基于 MI – PSO 的初级数据融合策略。

对于 MI – PSO 方法，第一步：使用 MI 对融合光谱进行变量筛选。初始变量和阈值是 MI 方法的两个重要的参数，直接影响提取变量的质量。因此，基于 5 – 折交叉验证分别对 MI 的这两个参数进行优化。通过交叉验证结果发现，不同初始变量获得的 $RMSE_{CV}$ 和 R_{CV}^2 值相差不大。因此，直接将初始变量设置为 1。基于灰分、挥发分和热值的最小 $RMSE_{CV}$ 和最大 R_{CV}^2 值选出的阈值分别为 0.96、0.95 和 0.95。基于最优的参数，使用 MI 对融合光谱进行变量筛选，灰分、挥发分和热值的变量个数由融合光谱的 45267 分别减少到 37066、34061 和 34061。第二步：将 MI 提取的变量传递到 PSO 方法进行进一步的筛选。同样基于 5 – 折交叉验证对 PSO 的参数进行优化，灰分、挥发分和热值的加速系数 c_1 和 c_2 均设置为 2，粒子数均设置为 20。此外，为了观察每次迭代过程中 PSO 的性能，500 次迭代对应的适应度收敛曲线如图 5 – 4 所示。从图 5 – 4 可以看出，对于 3 种煤质指标，在第一次迭代后适应度值发生了显著变化；随着迭代次数的增加，适应度值缓慢变化，并且在 200 次迭代之后逐渐趋于稳定。经过 PSO 进一步筛选变量后，灰分、挥发分和热值 3 种煤质指标最终获得的变量个数分别为 6499、5093 和 3173。

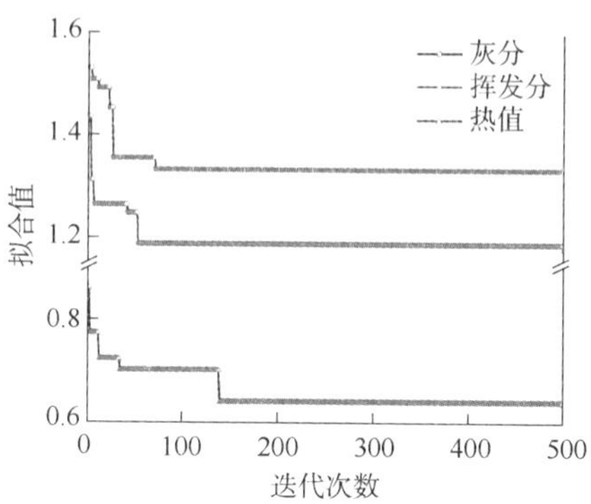

图 5 – 4 不同迭代次数对应的拟合值

表 5 - 4 基于 MI - PSO 的 3 种数据融合模型对应的预测结果

方法	煤质指标	模型参数		5 - 折交叉验证		预测集	
		c	g	R_{CV^2}	$RMSE_{CV}$	R_{P^2}	$RMSE_P$
基于 MI - PSO 的初级数据融合	灰分含量/%	2^{17}	2^{8}	0.9684	1.6170	0.9821	0.9687
	挥发分含量/%	$2^{18.5}$	$2^{10.5}$	0.9868	1.2886	0.9789	1.3218
	热值/(MJ · kg^{-1})	2^{14}	$2^{10.5}$	0.9618	0.9329	0.9679	0.6540
基于 MI - PSO 的中级数据融合	灰分含量/%	2^{14}	2^{9}	0.9672	1.6721	0.9798	0.9891
	挥发分含量/%	2^{15}	2^{13}	0.9846	1.3479	0.9768	1.4866
	热值/(MJ · kg^{-1})	2^{20}	2^{15}	0.9663	0.7793	0.9724	0.5561
基于 MI - PSO 和 PCA 的中级数据融合	灰分含量/%	2^{18}	2^{7}	0.9334	2.4595	0.9450	1.9043
	挥发分含量/%	2^{10}	$2^{8.5}$	0.9739	1.5858	0.9674	1.6461
	热值/(MJ · kg^{-1})	$2^{22.5}$	2^{9}	0.9535	0.9756	0.9505	0.7777

基于最终保留的变量分别构建用于煤炭灰分、挥发分和热值测定的 KELM 模型，最优模型参数及定量结果如表 5 - 4 所示。从表 5 - 4 中可以看出，3 种煤质指标的交叉验证和预测集 R^2 均在 0.95 以上。热值的交叉验证和预测集 RMSE 均小于 1.0MJ/kg；挥发分的 RMSE 均在 1.3 左右；而灰分的预测集 RMSE 为 0.9687，但交叉验证 RMSE 相对较高。为了探究 MI - PSO 对融合模型预测性能的影响，将基于 MI - PSO 的初级数据融合模型获得的结果与 5.2 中初级数据融合模型的结果进行了对比。图 5 - 5 展示了两种初级数据融合模型获得结果的对比图。从图 5 - 5 中可以看出，对于 3 种煤质指标，基于 MI - PSO 的初级数据融合模型获得的结果优于 5.2 中的初级数据融合模型。其中，灰分的 R_{CV^2} 由 0.9637 提高到 0.9684，$RMSE_{CV}$ 由 1.7216% 降低到 1.6170%，R_{P^2} 由 0.9792 提高到 0.9821，$RMSE_P$ 值由 1.0802% 降低到 0.9687%；挥发分的 R_{CV^2} 由 0.9737 提高到 0.9868，$RMSE_{CV}$ 由 1.7908% 降低到 1.2886%，R_{P^2} 由 0.9708 提高到 0.9789，$RMSE_P$ 值由 1.6044% 降低到 1.3218%；热值的 R_{CV^2} 由 0.9598 提高到 0.9618，$RMSE_{CV}$ 由 0.9397MJ/kg 降低到 0.9329MJ/kg，R_{P^2} 由 0.9648 提高到 0.9679，$RMSE_P$ 值由 0.6620MJ/kg 降低到 0.6540MJ/kg。结果表明，使用 MI - PSO 方法对融合光谱进行变量选择有助于减少融合光谱中冗余信息对预测结果的影响，从而提高校正模型预测性能。

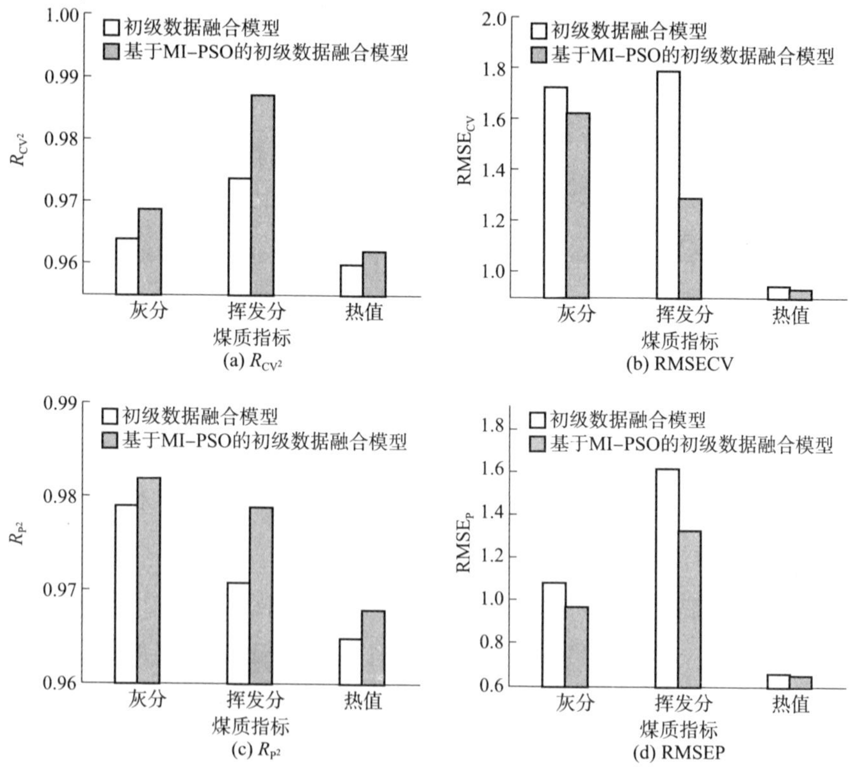

图 5-5　两种初级数据融合模型(初级数据融合模型和基于 MI-PSO 的初级数据融合模型)交叉验证和预测集结果对比

5.3.2.2　基于 MI-PSO 的中级数据融合模型

LIBS 和 FTIR 原始光谱直接进行融合可能会导致融合光谱中包含比单一光谱更多的噪声和冗余信息；此外，所涉及的 LIBS 光谱数据维数远大于 FTIR 光谱的，这可能导致在融合光谱中 LIBS 光谱占主导地位。这些都可能影响融合模型预测结果的准确性。因此，使用 MI-PSO 方法对融合前的 LIBS 光谱进行变量筛选，然后将筛选后的 LIBS 光谱和 FTIR 光谱进行融合，即 5.3.1.3 中所描述的基于 MI-PSO 的中级数据融合策略。

基于 MI-PSO 的中级数据融合策略，第一步：使用 MI-PSO 方法对 LIBS 光谱进行变量选择。使用与 5.3.2.1 中相同的方法对 MI 和 PSO 的参数进行优化：灰分、挥发分和热值利用 MI 方法的初始变量均设置为 1，阈值分别设置为 0.94、0.94 和 0.93；PSO 的加速系数 *c*1 和 *c*2 均设置为 2，粒子数均设置为 20，且适应度值在 300 次迭代之后逐渐趋于稳定。基于最优的参数，①使用 MI 对 LIBS 光谱进行变量选择，灰分、挥发分和热值获得的变量个数分别为 30804、30804 和 28530；②将 MI 提取的变量传递到 PSO 方法进行进一步的筛选。经过 PSO 方法选择变量后，灰分、挥发分和热值获得的变量个数分别为 8162、6593 和 3115。相对全谱的 43399，经 MI－PSO 筛选后，变量个数明显减少。第二步：把筛选出的 LIBS 光谱和 FTIR 光谱进行融合，获得用于 3 种煤质指标测定的融合光谱。灰分、挥发分和热值的融合光谱点数分别为 10030、8461 和 4983。基于融合光谱，分别构建用于灰分、挥发分和热值测定的 KELM 校正模型。获得的结果如表 5－4 所示。从表 5－4 可以看出，基于 MI－PSO 的中级数据模型，3 种煤质指标均获得了较好的预测结果，交叉验证和预测集 R^2 均在 0.96 以上。对于热值，交叉验证和预测集 RMSE 均小于 0.8MJ/kg；对于挥发分 RMSE 均在 1.5% 左右；而对于灰分，预测集 RMSE 为 0.9891%，但交叉验证 RMSE 相对较高，为 1.6721%。

5.3.2.3 基于 MI－PSO 和 PCA 的中级数据融合模型

基于 5.2 中的中级数据融合，提出一种新的数据融合策略，即 5.3.1.3 中所描述的基于 MI－PSO 和 PCA 的中级数据融合。具体步骤包括：(1)使用 MI－PSO 对 LIBS 光谱进行变量筛选，对于灰分、挥发分和热值筛选出的变量个数分别 8162、6593 和 3115。(2)然后使用 PCA 对 FTIR 光谱和筛选出的 LIBS 光谱进行降维处理，使用 5－折交叉验证选取最优主成分数：对于变量筛选后的 LIBS 光谱，灰分、挥发分和热值对应的最优主成分分别为 8、8 和 10；对于 FTIR 光谱，灰分、挥发分和热值对应的最优主成分分别为 5、7 和 5。(3)基于获得的最优主成分进行数据融合，灰分、挥发分和热值获得的融合光谱变量数分别为 13、15 和 15，利用获得的融合光谱分别构建用于 3 种煤质指标定量分析的 KELM 模型，结果如表 5－4 所示。从表 5－4 可以看出，使用基于 MI－PSO 和 PCA 的中级数据融合模型，变量个数明显减少，但是预测结果相对较差。为了探究 MI－PSO 对模型预测性能的影响，将基于 MI－PSO 和 PCA 的中级数据融合模型获得的结果与 5.2 中的基于 PCA 的中级数据融合模型的结果进行对比，如图 5－6 所示。从图 5－6 可以看出，基于 MI－PSO 和 PCA 的中级数据融合模型挥发分和热值获得的结果优于基于 PCA 的中级数据融合模型的；但对于灰分，两种模型获得的结果相差不大，其中基于 PCA 的中级数据融合模型获得的 $RMSE_{CV}$ 和 R_{P^2} 值稍优于基于 MI－PSO 和 PCA 的中级数据融合模型的，但是 R_{CV^2} 和 $RMSE_P$ 值稍差。这说明对于挥发分和热值，MI－PSO 对模型预测性能的提高是有帮助的。

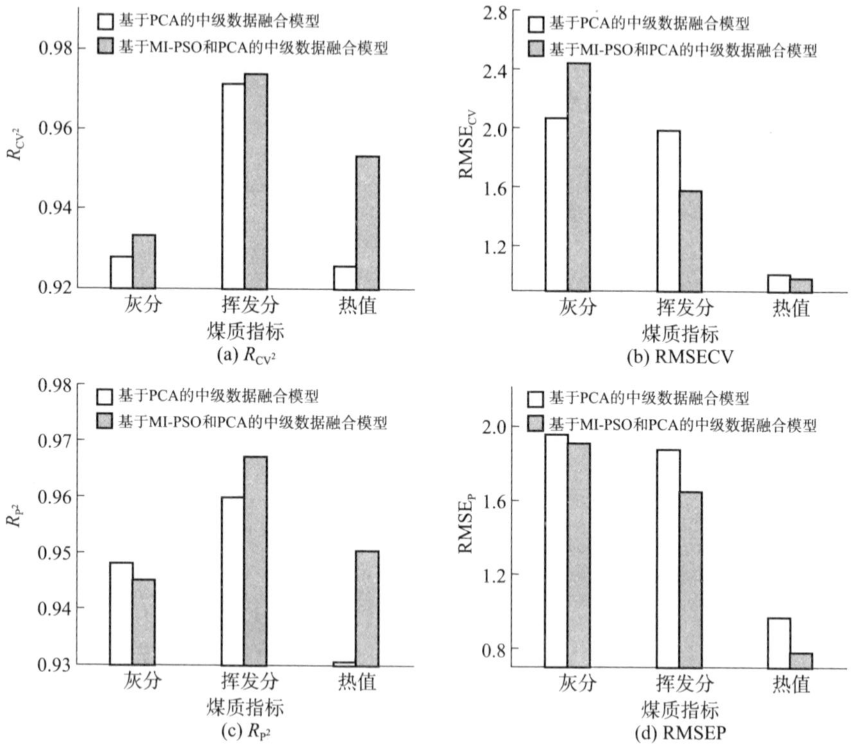

图 5－6　两种中级数据融合模型交叉验证和预测集结果对比

5.3.2.4　基于 MI－PSO 的 3 种数据融合模型预测性能对比

为了对比 3 种基于 MI－PSO 的数据融合模型预测性能，图 5－7 显示了 3 种融合模型获得的预测结果。从图 5－7 可以看出，对于灰分，基于 MI－PSO 的初级数据融合模型和基于 MI－PSO 的中级数据融合模型均获得了较好的预测结果，交叉验证和预测集 R^2 均在 0.96 以上，RMSE 均小于 1.7；但基于 MI－PSO 和 PCA 的中级数据融合模型获得的结果相对较差；3 种模型中，基于 MI－PSO 的初级数据融合模型获得的预测结果稍优于其他两种数据融合模型。对于挥发分，3 种融合模型均具有较好的预测性能，而基于 MI－PSO 的初级数据融合模型获得的结果优于另外两种模型；对于热值，3 种融合模型获得的交叉验证和预测集 R^2 均在 0.95 以上，RMSE 均小于 1.0MJ/kg，其中基于 MI－PSO 的中级数据融合模型获得最优的结果。综上所述，对于灰分和挥发分，基于 MI－PSO 的初级数据融合模型获得了最好的结果；而对于热值，基于 MI－PSO 的中级数据融合模型获得了最好的结果。另外，对于 3 种煤质指标，虽然基于 MI－PSO 和 PCA 的中级数据融合模型输入变量最少，均在 20 以内，但获得的预测结果均较差。这表明，基于 PCA 的降维方法虽然可以有效减少变量个数，但对于改善模型预测性能是无效的，反而会导致模型预测性能的降低。

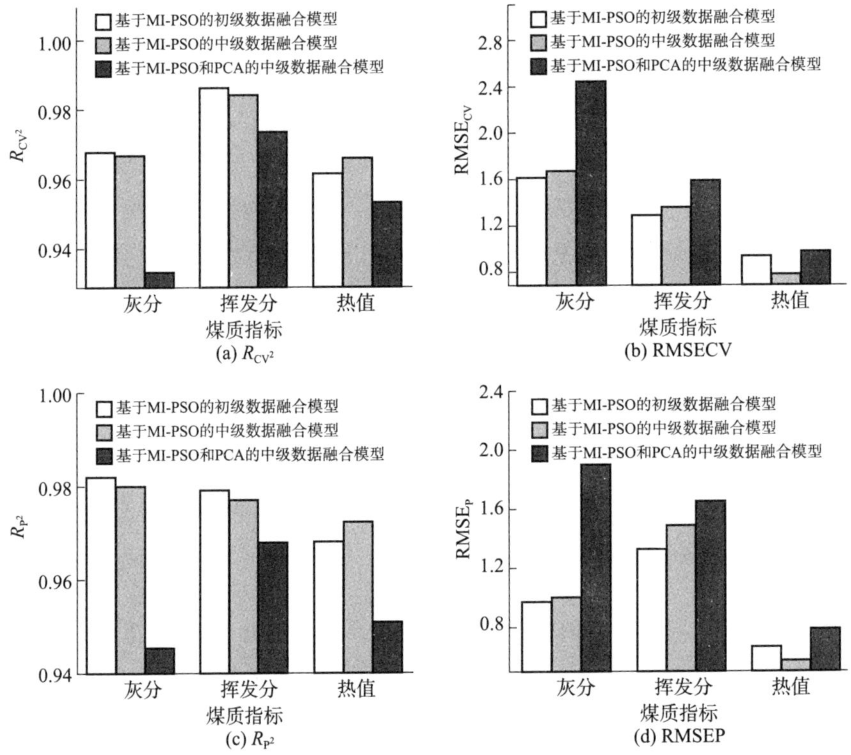

图 5－7　3 种基于 MI－PSO 的数据融合模型交叉验证和预测集结果对比

5.3.2.5　不同模型预测性能对比

为了进一步验证模型的预测性能，选出最优的煤质定量模型，将本节中 3 个模型获得的结果与 5.2 节中模型获得的结果进行了对比。图 5－8 显示了 7 种模型所获得的 5－折交叉验证及预测集结果。从图 5－8 可以看出，对于灰分测定，最优的交叉验证（$RMSE_{CV}$ = 1.6170%，R_{CV^2} = 0.9684）和预测集（$RMSE_P$ = 0.9687%，R_{P^2} = 0.9821）结果均由基于 MI－PSO 的初级数据融合模型获得；对于挥发分的测定，最优的交叉验证（$RMSE_{CV}$ = 1.2886%，R_{CV^2} = 0.9868）和预测集（$RMSE_P$ = 1.3218%，R_{P^2} = 0.9789）结果也均由基于 MI－PSO 的初级数据融合模型获得；但是对于热值的测定，最优的交叉验证（$RMSE_{CV}$ = 0.7793MJ/kg，

$R_{CV^2}=0.9663$）和预测集（$RMSE_P=0.5561$MJ/kg，$R_{P^2}=0.9724$）结果由基于 MI－PSO 的中级数据融合模型获得。而在上述 7 个模型中，基于 LIBS 光谱的 KELM 模型获得的结果最差，所有基于数据融合的 KELM 模型获得的结果均优于基于 LIBS 光谱的 KELM 模型，这说明，使用数据融合的方式对于提高 LIBS 光谱的测定准确度是有效的。另外，发现两种基于 PCA 的数据融合模型获得的结果也都较差，产生这种结果的原因可能是由于 PCA 为线性降维算法，所提取信息不能充分代表原始光谱中的所有特征信息，从而导致定量模型预测性能较差。此外，对于挥发分和热值，使用基于 MI－PSO 的数据融合模型获得的结果对比 5.2 中的两种数据融合模型获得的结果均有一定的提高；而对于灰分，基于 MI－PSO 的初级数据融合和中级数据融合模型也获得了较好的预测结果。这说明使用基于 MI－PSO 的混合变量选择方法对于提高融合模型预测性能是有效的。

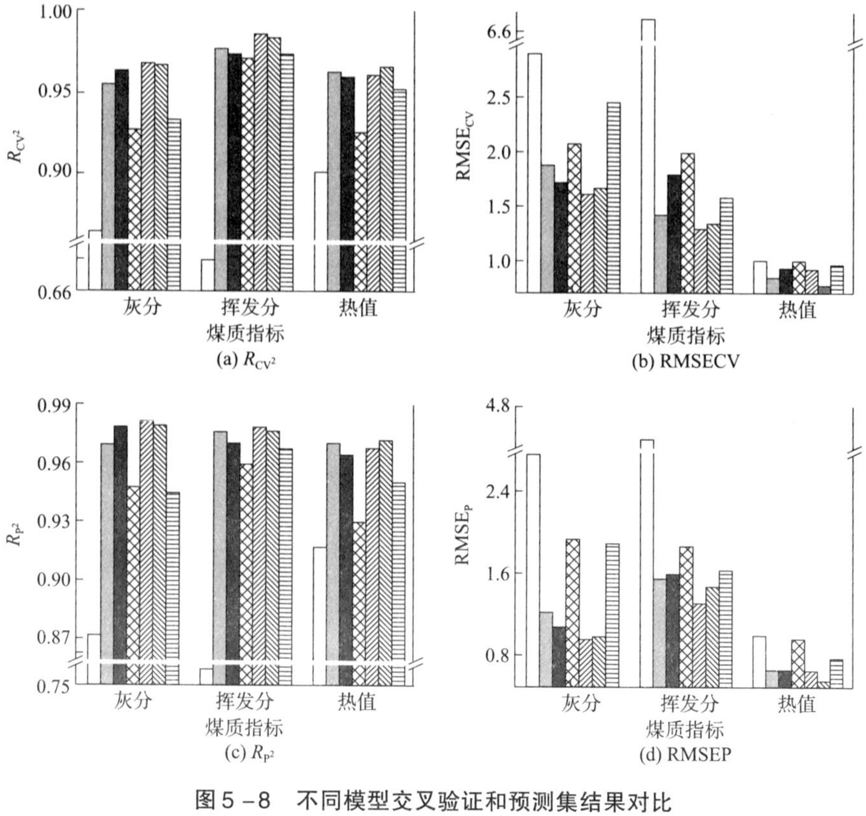

图 5－8　不同模型交叉验证和预测集结果对比

注：从左到右依次为基于 LIBS 的模型、基于 FTIR 的模型、初级数据融合模型、基于 PCA 的中级数据融合模型、基于 MI－PSO 的初级数据融合模型、基于 MI－PSO 的中级数据融合模型及基于 MI－PSO 和 PCA 的中级数据融合模型。

总之，基于 LIBS 和 FTIR 光谱数据融合策略可实现煤质的快速测定。分别建立了基于初级数据融合、基于 PCA 的中级数据融合、基于 MI - PSO 的初级数据融合、基于 MI - PSO 的中级数据融合及基于 MI - PSO 和 PCA 的中级数据融合的 KELM 校正模型实现了灰分、挥发分和热值的快速测定。结果表明，灰分和挥发测定的最优校正模型为基于 MI - PSO 的初级数据融合的 KELM 模型，热值测定的最优校正模型为基于 MI - PSO 的中级数据融合的 KELM 模型。这说明光谱数据融合技术有助于提高 LIBS 光谱定量分析性能，而合适的变量选择方法可进一步提高融合模型预测性能。

5.4 基于同时参数优化和变量选择的光谱数据融合策略在煤质分析中的应用

相关研究表明，KELM 模型具有较好的预测性能和泛化能力，可以在不知道数学表达式的情况下解决定量分析中的复杂非线性问题。然而，数据融合会产生一系列高维的复杂数据，其中包含大量的噪声、不相关和冗余信息，这对 KELM 模型的预测性能有很大的负面影响。同样，不恰当的参数设置也会对 KELM 模型的预测性能产生不利影响。因此，如何设置最佳参数和选择最佳输入变量是获得高性能 KELM 模型的两个关键问题。

在过去的研究中，一般采用网格搜索结合交叉验证对 KELM 的参数进行优化，采用粒子群优化、小波变换、V - WSP - PSO 等对输入变量进行筛选。虽然也取得了相对较好的结果，但是对两个因素的优化几乎是分别进行的，没有考虑彼此的影响。相关研究曾采用粒子群优化和遗传算法同时优化支持向量机的参数和输入变量，并获得了一个可靠的结果。因此，本研究尝试采用一种较新的技术——海洋捕食者算法，同时优化 KELM 的参数和输入变量。与其他元启发式算法一样，海洋捕食者算法在许多领域得到应用。例如，海洋捕食者算法被用于识别不同光伏模型的未知参数，解决雾计算中的任务调度问题，预测不同国家 COVID - 19 确诊病例以及处理 COVID - 19 医学图像等。此外，海洋捕食者算法也被成功应用于支持向量机的参数优化和特征选择。这些应用证明海洋捕食者算法是一种强大的启发式方法，具有搜索能力强、参数易调整、容易实现等优点。

在本节中，基于与 KELM 相结合的初级和高级数据融合策略，以利用从 FT-

IR 和 LIBS 获得的信息的协同效应对煤质进行分析。此外，为了进一步提高定量模型的预测性能，采用海洋捕食者算法同时优化 KELM 的参数和输入变量。并对本文涉及的所有模型的预测性能进行了比较，以选择最佳的定量模型以实现煤质分析。

5.4.1 化学计量学算法

5.4.1.1 海洋捕食者算法(Marine Predator Algorithm，MPA)

海洋捕食者算法是 Faramarzi 等于 2020 年提出的一种自然启发式优化算法，其灵感来自海洋适者生存理论，即海洋捕食者通过在莱维游走或布朗游走之间选择最佳觅食策略。详细描述如下。

1)初始化阶段

与大多数元启发式算法类似，MPA 通过公式 5－2 随机在搜索空间内初始化猎物位置：

$$X_0 = X_{\min} + \mathrm{rand}(X_{\max} - X_{\min}) \tag{5-2}$$

式中，$X_{\max}$和 $X_{\min}$ 分别为搜索空间的上下边界：rand 为[0，1]内的均匀随机数。

根据适者生存理论，自然界的顶级捕食者在觅食方面更有天赋。因此，将最优解设定为顶级捕食者，构造矩阵称为精英矩阵 ***Elite***。并利用该矩阵根据猎物的位置信息寻找猎物。

$$\boldsymbol{Elite} = \begin{bmatrix} X^I_{1,1} & X^I_{1,2} & \cdots & X^I_{1,d} \\ X^I_{2,1} & X^I_{2,2} & \cdots & X^I_{2,d} \\ \vdots & \vdots & \vdots & \vdots \\ X^I_{n,1} & X^I_{1,1} & \cdots & X^I_{n,d} \end{bmatrix} \tag{5-3}$$

式中，$\vec{\boldsymbol{X}}^I$ 表示顶级捕食者向量，复制 n 次以构造精英矩阵；n 代表种群的大小，d 代表问题解的维数。

另一个与精英矩阵具有相同维数的矩阵称为猎物矩阵 ***Prey***，捕食者根据该矩阵更新位置。猎物矩阵定义如下：

$$Prey = \begin{bmatrix} X_{1,1} & X_{1,2} & \cdots & X_{1,d} \\ X_{2,1} & X_{2,2} & \cdots & X_{2,d} \\ \vdots & \vdots & \vdots & \vdots \\ X_{n,1} & X_{n,2} & \cdots & X_{n,d} \end{bmatrix} \tag{5-4}$$

2)优化阶段

MPA 优化过程主要分为 3 个阶段，各阶段的具体描述如下：

迭代初期，发生在迭代的前三分之一，移动速度较快、勘探能力较强。采用勘探策略的 MPA 优化过程数学描述如下：

$$\begin{cases} stepsize_i = \boldsymbol{R}_B \otimes (\boldsymbol{Elite}_i - R_B \otimes \boldsymbol{Prey}_i) \\ \boldsymbol{Prey}_i = \boldsymbol{Prey}_i + P.\ R \otimes stepsize_i \end{cases} i = 1,\ 2,\ \cdots,\ nIter < \frac{1}{3} Max\_Iter \tag{5-5}$$

式中，*stepsize* 表示移动步长；$\boldsymbol{R}_B$ 表示布朗运动的随机向量；$\otimes$ 代表逐项相乘；P 为等于 0.5 的常数；R 为[0，1]内的均匀随机数向量；*Iter* 代表当前迭代，Max_*Iter* 代表最大迭代。

迭代中间阶段，发生在迭代次数的前 1/3 到迭代次数的前 2/3。此阶段，猎物将基于莱维游走策略负责开发；捕食者则基于布朗游走策略负责勘探，并逐渐由勘探策略转向开发策略。因此，该算法使用种群的前半部分进行勘探，数学描述如公式 5－6 所示；另一半用于开发，数学描述如公式 5－7 所示。

$$\begin{cases} stepsize_i = \boldsymbol{R}_L \otimes (Elite_i - \boldsymbol{R}_L \otimes \boldsymbol{P}rey_i) \\ \boldsymbol{P}rey_i = \boldsymbol{P}rey_i + P \cdot R \otimes stepsize_i \end{cases} i = 1,\ 2,\ \cdots,\ \frac{n}{2} \frac{1}{3} Max\_\ Iter < Iter < \frac{2}{3} Max\_Iter \tag{5-6}$$

$$\begin{cases} \mathrm{stepsize}_i = \boldsymbol{R}_B \otimes (\boldsymbol{R}_B \otimes \boldsymbol{P}rey_i - Elite_i) \\ \boldsymbol{P}rey_i = \boldsymbol{P}rey_i + P \cdot CF \otimes stepsize_i \end{cases} i = \frac{n}{2},\ \cdots,\ n\ \frac{1}{3} Max\_\ Iter < Iter < \frac{2}{3} Max\_\ Iter \tag{5-7}$$

式中，$\boldsymbol{R}_L$ 是遵循莱维分布的随机向量；$CF = \left(1 - \frac{Iter}{Max\_\ Iter}\right)^{\left(2\frac{Iter}{Max\_\ Iter}\right)}$ 是控制捕食者移动步长的自适应参数。

迭代最后阶段，发生在迭代次数的最后 1/3，捕食者负责基于莱维运动的开发。优化过程数学描述如下：

$$\begin{cases} stepsize_i = \boldsymbol{R}_L \otimes (\boldsymbol{R}_L \otimes Elite_i - \boldsymbol{P}rey_i) \\ \boldsymbol{P}rey_i = Elite_i + P \cdot CF \otimes stepsize_i \end{cases} \quad i = 1, 2, \cdots, nIter > \frac{2}{3}Max\_\ Iter \tag{5-8}$$

3)涡流和鱼类聚集装置(Fish Gathering Device, FADs)效应

涡流效应和 FADs 也可以改变海洋捕食者的觅食行为，这一策略可以使 MPA 在优化过程中克服过早收敛，避免局部最优。可以描述如下：

$$\begin{cases} \boldsymbol{P}rey_i = \boldsymbol{P}rey_i + CF[X_{min} + \boldsymbol{R}_L \otimes (X_{max} - X_{min})] \otimes \boldsymbol{U} & r \leqslant FADs \\ \boldsymbol{P}rey_i = \boldsymbol{P}rey_i + [FADs(1-r)+r](\boldsymbol{P}rey_{r1} - \boldsymbol{P}rey_{r2}) & r > FADs \end{cases} \tag{5-9}$$

式中，$FADs$ 为影响优化过程的概率，取 0.2；$\boldsymbol{U}$ 为包含 0 和 1 数组的二进制向量；r 为[0，1]内均匀随机数；r_1 和 r_2 分别为猎物矩阵的随机索引。

4)海洋记忆

海洋捕食者具有很强的记忆力，使其能够记住每次成功捕食的位置。此能力是通过在 MPA 中存储实现的。基于解决涡流和鱼群聚集效应后的猎物矩阵对精英矩阵进行相应更新，并进行记忆存储。这个过程通过迭代提高了解决方案的质量，并且还模拟了捕食者返回猎物丰富区域，并成功觅食。

5.4.1.2 基于 MPA 的参数优化与变量选择

为了提高 KELM 模型的预测性能，采用 MPA 对 KELM 参数和输入变量进行同时优化。基于 MPA 的参数优化与变量选择流程如图 5-9 所示。具体步骤如下。

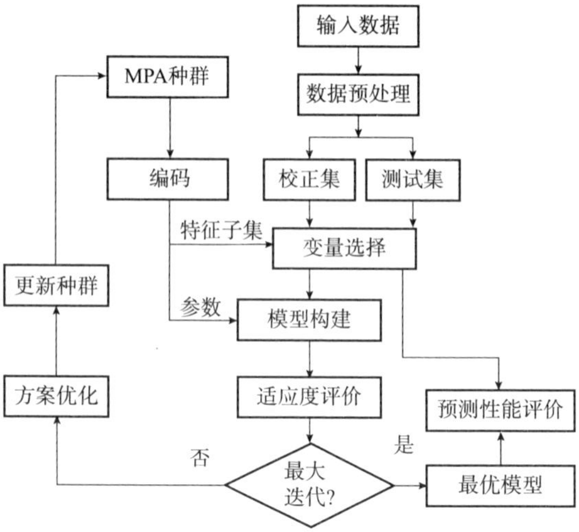

图5-9 基于 MPA 的 KELM 参数优化与变量选择流程图

步骤1：种群初始化。本研究采用径向基函数作为 KELM 的核函数。因此，海洋捕食者算法中猎物由 $N+2$ 部分组成，包括 N 个变量、惩罚参数 C 和核参数 γ，如图5－10所示。对于表示变量的部分，采用二进制编码进行表示，“1”代表该变量被选中，“0”代表该变量未被选中。

X_F^1	……	X_F^i	……	X_F^N	X_C	X_γ

图5－10　猎物示意图

步骤2：训练 KELM 模型。将种群中个体的二进制编码转换为特征子集、惩罚参数 C 和核参数 γ，并对 KELM 模型进行训练。

步骤3：适应度值评估。一般来说，预测准确度高、选取特征数量少的猎物会产生较高的适应度值。因此，利用预测准确度和所选变量的数量以设计适应度函数。适应度函数定义如下：

$$Fit = \alpha \times RMSE_{CV} + \beta \times \frac{\sum_{i=1}^{N} f_i}{N_F}$$

式中，α 为预测准确度的权重；$RMSE_{CV}$ 为交叉验证均方根误差；β 为所选变量个数的权重；f_i 为特征掩码的值，“1”表示变量 i 被选中，“0”表示变量 i 未被选中；N_F 为变量总数。

步骤4：结束条件。一旦达到终止条件，操作结束。选择最后一代中适应度值最好的个体作为最终解。否则，继续进行迭代。

5.4.1.3　数据融合

无变量选择的光谱数据融合策略如图5－11所示，主要涉及两种融合策略，即初级和高级数据融合。在初级数据融合中，首先将归一化后 LIBS 和 FTIR 光谱直接首尾拼接得到融合光谱，其次建立基于融合光谱的 KELM 模型进行定量分析。在高级数据融合中，首先分别建立基于归一化 LIBS 和 FTIR 光谱的 KELM 模型，其次将每个 KELM 模型获得的结果进行融合，得到最终的决策结果。

基于变量选择的光谱数据融合策略如图5－12所示，同样涉及初级和高级两种融合策略。在初级数据融合中，首先基于 MPA 分别对 LIBS 和 FTIR 光谱进行变量筛选，其次将选择的变量首尾拼接得到融合光谱，最后建立基于融合光谱的 KELM 模型进行定量分析。在高级数据融合中，首先基于 MPA 分别对 LIBS 和 FTIR 光谱进行变量筛选，其次分别基于所选变量建立 KELM 模型，最后将每个

KELM 模型获得的结果进行融合，得到最终的决策结果。

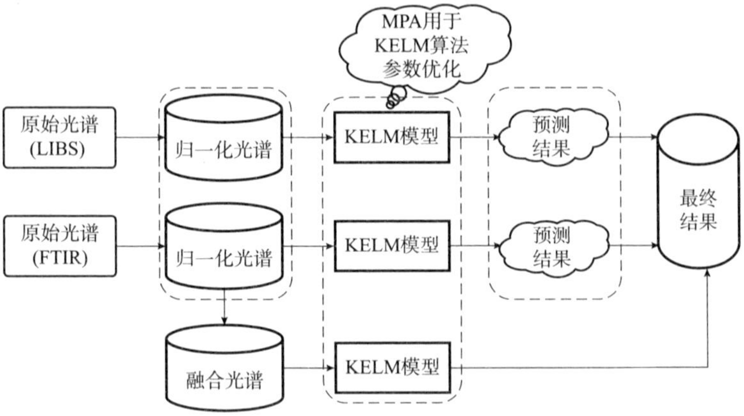

图 5－11　无变量选择的光谱数据融合策略

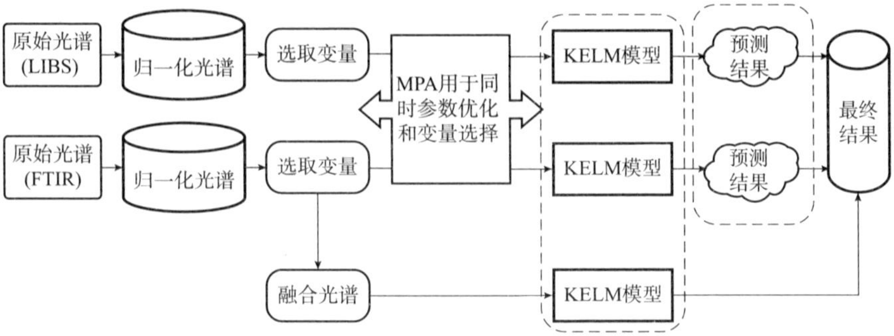

图 5－12　基于变量选择的光谱数据融合策略

对于高级数据融合，基于 5－折交叉验证和校正集煤质特性参数构建如下二元回归方程：

$$Y_{\text{fusion, cross validation}} = W_0 + W_1 X_{\text{LIBS, cross validation}} + W_2 X_{\text{FTIR, cross validation}}$$

式中，$Y_{\text{fusion,cross validation}}$为决策级数据融合获得的交叉验证预测结果；$X_{\text{LIBS,cross validation}}$和 $X_{\text{FTIR, cross validation}}$分别为 LIBS 和 FTIR 的交叉验证预测结果；W_1和 W_2分别为 LIBS 和 FTIR 的权重；W_0为二元线性回归的截距。

采用海洋捕食者算法对 W_1和 W_2进行估计，交叉验证预测值与参考值残差平方和作为适应度函数。最终，基于获得的待测样品预测值和 W_1和 W_2值，即可计算出待测样品的最终预测值 $Y_{\text{fusion, prediction}}$：

$$Y_{\text{fusion, prediction}} = W_0 + W_1 X_{\text{LIBS, prediction}} + W_2 X_{\text{FTIR, prediction}}$$

式中，$Y_{fusion,prediction}$ 为高级数据融合获得的测试集预测值；$Y_{LIBS,prediction}$ 和 $Y_{FTIR,prediction}$ 分别为 LIBS 和 FTIR 获得的测试集预测值。

5.4.2 模型构建

5.4.2.1 基于 MPA 进行参数优化的 KELM 模型

分别基于 LIBS 和 FTIR 数据建立 KELM 定量模型，并基于 MPA 在 2^0 ~ 2^{30} 之间对 KELM 的惩罚参数 C 和核参数 γ 进行优化。表 5 -5 是应用 KELM 模型得到的定量结果。从表 5 -5 中可以看出，基于 FTIR 数据建立的 KELM 模型在碳、灰分、挥发分和热值分析方面的结果较为合理。4 种煤质指标的 R_{CV^2} 和 R_{P^2} 值均大于 0.80，$RMSE_{CV}$ 和 $RMSE_P$ 值均小于 3.0% 和 3.0MJ/kg。碳元素和热值的 ARE 在 3.0% 左右，挥发分的 ARE 在 5.0% 左右，但灰分的 ARE 较差，为 9.53%。以上结果表明，基于 FTIR 数据建立的 KELM 定标模型可用于碳元素、灰分、挥发分和热值的定量分析。对于 LIBS，建立的碳和热值 KELM 模型得到了很好的结果；但对灰分和挥发分，测定结果并不理想，特别是挥发分的 R_{CV^2} 和 R_{P^2} 值均小于 0.70，RMSEC 和 $RMSE_P$ 值大于 5.0%，ARE 值达到 32.73%。综上所述，FTIR 和 LIBS 技术在煤质分析方面具有较好的性能，可以作为一种简单直接的方法测定煤炭中碳元素和热值。但是，FTIR 和 LIBS 在对灰分和挥发分测定法方面存在显著差异，FTIR 的测定结果优于 LIBS 的。这表明，FTIR 可能包含更多与灰分和挥发分测定有关的光谱信息。

表 5 -5 基于 MPA 进行参数优化的 KELM 模型获得的定量结果

煤质指标	方法	5 - 折交叉验证		测试集		
		R_{CV^2}	$RMSE_{CV}$	R_{P^2}	$RMSE_P$	ARE/%
碳含量/%	FTIR	0.9370	2.7203	0.9057	2.8761	3.03
	LIBS	0.9370	2.8091	0.9312	2.6079	2.72
	初级数据融合	0.9641	1.9368	0.9373	2.4431	2.53
	高级数据融合	0.9754	1.6502	0.9518	2.1342	2.10
灰分含量/%	FTIR	0.8975	1.9936	0.8341	2.7664	9.53
	LIBS	0.8664	2.7728	0.7207	3.6708	20.02
	初级数据融合	0.9423	1.7344	0.8459	2.4705	10.27
	高级数据融合	0.9573	1.7754	0.8295	2.6874	9.42

续表

煤质指标	方法	5-折交叉验证		测试集		
		R_{CV^2}	$RMSE_{CV}$	R_{p2}	$RMSE_P$	ARE/%
挥发分/%	FTIR	0.9667	1.8470	0.9789	1.1899	5.30
	LIBS	0.6987	5.0740	0.5979	5.8927	32.73
	初级数据融合	0.9530	2.0786	0.9493	2.5121	12.18
	高级数据融合	0.9750	1.4495	0.9780	1.2138	5.62
热值/($MJ \cdot kg^{-1}$)	FTIR	0.9001	1.0909	0.8147	1.4860	3.34
	LIBS	0.9248	1.0041	0.8448	1.3268	3.71
	初级数据融合	0.9358	0.9162	0.8456	1.3671	3.24
	高级数据融合	0.9455	0.8639	0.8724	1.2435	2.98

以上结果表明，可以基于 FTIR 和 LIBS 技术建立一个比较准确的煤质分析模型，但并不是所有煤质指标的结果都足够好。此外，由于样本本身的复杂性，没有一种技术可以实现所有样本的准确预测。因此，在研究中进一步探讨了利用初级和高级数据融合策略将 LIBS 和 FTIR 数据结合起来进行煤质分析的可行性。

在初级数据融合方面，将归一化后的 FTIR 和 LIBS 数据直接首位拼接，得到一个新的矩阵进行建模。表 5-5 为 KELM 应用于融合数据得到的定量结果。从表 5-5 中可以看出，4 种煤质指标均获得了很好的结果，特别是碳元素，融合模型获得的结果优于基于 FTIR 和 LIBS 的 KELM 模型。同样，除了一个评价指标外，基于初级数据融合的 KELM 模型比基于 FTIR 和 LIBS 的模型预测出更准确的灰分含量和热值。但对于挥发分，基于初级数据融合的 KELM 模型优于基于 LIBS 的 KELM 模型，但低于 FTIR 模型。这可能是由于融合光谱中的 LIBS 数据对挥发分预测没有贡献，反而会导致 FTIR 模型预测结果的下降。

在高级数据融合方面，分别基于 FTIR 和 LIBS 数据建立 KELM 模型，并采用二元线性回归方法对各模型获得的结果进行整合，并采用 MPA 法对 LIBS 和 FTIR 的权重进行优化。最优权重如表 5-6 所示，根据最优权值得到的高级数据融合结果如表 5-5 所示。从表 5-5 中可以看出，基于高级数据融合的 KELM 模式取得了优异的结果，尤其是对于碳和热值。对于灰分，基于高级数据融合的 KELM 模型获得了最优的交叉验证结果，但测试结果略差于基于初级数据融合的模型。

此外，对于挥发分，最优的结果仍由基于 FTIR 的 KELM 模型获得，可能是由于 FTIR 与 LIBS 的结果差异较大，导致 LIBS 对融合结果的影响比 FTIR 较大。

表 5 -6　LIBS 和 FTIR 的权重值

煤质指标	无变量选择的高级数据融合		基于变量选择的高级数据融合	
	W_1	W_2	W_1	W_2
碳	0.5392	0.4608	0.3469	0.6531
灰分	0.1793	0.8207	0.0875	0.9125
挥发分	0.0155	0.9845	0.0104	0.9896
热值	0.5854	0.4146	0.6206	0.3794

综上所述，基于高级数据融合的 KELM 模型在碳和热值测定方面取得了最好的结果，在灰分和挥发分测定方面取得了最好的交叉验证结果。对于灰分和挥发分，最优的预测结果分别由基于初级数据融合的 KELM 模型和基于 FTIR 的 KELM 模型获得。这些结果表明，LIBS 和 FTIR 的融合并不一定会显著提高所有煤质指标的预测结果，反而会对某些指标的测定产生负面影响。这可能是由于 FTIR 和 LIBS 的光谱合并可能会提供更多的噪声和冗余信息，从而降低融合模型的预测性能。

5.4.2.2　基于 MPA 同时进行参数优化和变量选择的 KELM 模型

为了进一步提高预测精度，采用 MPA 对 KELM 模型输入变量和参数进行同步优化。表 5 -7 为基于 MPA 同时进行参数优化和变量选择的 KELM 模型的定量结果。由表 5 -7 可以看出，基于 FTIR 的 KELM 模型的输入变量分别从 1868(原始光谱)减少到 107、129、70 和 96，基于 LIBS 的 KELM 模型的输入变量分别从 43399(原始光谱)减少到 1404、1097、1014 和 540，大大简化了 KELM 模型，节省了运算时间。更最重要的是，如表 5 -7 所示，同时进行变量选择和参数优化后，KELM 模型的预测性能得到了显著提高。对于碳和热值，基于 FTIR 和 LIBS 的 KELM 模型获得的 R_{CV^2} 和 R_{P^2} 值均大于 0.94，而 $RMSE_{CV}$ 和 $RMSE_P$ 值均小于 2.5% 和 2.5MJ/kg；对于灰分和挥发分，虽然同时进行变量选择和参数优化后，模型预测精度得到了显著提高，但单一技术的预测结果仍然不是特别满意，尤其是基于 LIBS 的模型。为此，进一步提出了基于 MPA 同时进行参数优化和变量选择的数据融合方法，以期进一步提高煤质分析结果的准确性。

表 5－7 基于 MPA 同时进行参数优化和变量选择的 KELM 模型获得的结果

煤质指标	方法	变量个数	5－折交叉验证			测试集	
			R_{CV^2}	$RMSE_{CV}$	R_{P^2}	$RMSE_P$	ARE/%
碳/%	FTIR	107	0.9633	1.8575	0.9643	2.1488	2.82
	LIBS	1404	0.9542	2.2814	0.9477	2.1809	2.44
	初级数据融合	1511	0.9702	1.7383	0.9409	2.3855	2.25
	高级数据融合	—	0.9851	1.2922	0.9880	1.0514	1.41
灰分/%	FTIR	129	0.9588	1.6600	0.9461	1.7457	6.62
	LIBS	1097	0.9240	1.8615	0.8036	3.0506	17.64
	初级数据融合	1226	0.9491	1.3299	0.8750	2.2978	9.98
	高级数据融合	—	0.9726	1.3368	0.9483	1.6985	6.57
挥发分/%	FTIR	70	0.9893	0.9821	0.9829	1.0632	3.92
	LIBS	1014	0.8134	3.4928	0.6453	4.9370	25.34
	初级数据融合	1084	0.9619	1.8844	0.9609	2.0914	9.51
	高级数据融合	—	0.9918	0.8313	0.9827	1.0698	4.02
热值/($MJ \cdot kg^{-1}$)	FTIR	96	0.9500	0.8082	0.9497	0.7688	2.16
	LIBS	540	0.9522	0.7814	0.9592	0.7269	2.46
	初级数据融合	636	0.9488	0.7611	0.9009	1.1222	2.35
	高级数据融合	—	0.9732	0.5871	0.9648	0.6710	2.07

对于初级数据融合，直接将 FTIR 和 LIBS 中选取的变量首尾连接，得到一个新的矩阵进行建模；在高级数据融合中，分别基于 FTIR 和 LIBS 中选取的变量建立 KELM 模型，并通过二元线性回归方法对各个模型的结果进行融合，结果如表 5－7 所示。由表 5－7 中可以看出，初级和高级数据融合模型均取得了较好的预测结果，特别是高级数据融合模型，4 种煤质指标的 R_{CV^2} 和 R_{P^2} 均高于 0.94，$RMSE_{CV}$ 和 $RMSE_P$ 值均低于 1.7% 或 1.7MJ/kg。此外，将数据融合模型获得的结果与单一技术结果进行对比，发现初级数据融合模型得到的结果略差，而高级数据融合模型得到的结果要优于单一技术获得的结果。此外，基于变量选择的融合模型比没有使用变量选择的融合模型得到了更好的结果，进一步说明了变量选择对提高模型预测性能的重要性。

5.4.3 不同模型结果对比

为了进一步验证所提方法的性能，选择最优的煤质定量分析模型，对本节所涉及的所有模型的结果进行了比较。认为，同时进行变量选择和参数优化的高级数据融合模型对煤质指标中的4种(碳、灰分和热值)均获得了最优结果。唯一的例外是挥发分，最优的预测结果由同时进行变量选择和参数优化的FTIR－KELM模型获得。图5－13所示为4种煤质指标的残差图，可以更好地展示8种模型(FTIR模型、LIBS模型、初级数据融合模型、高级数据融合模型、基于同时变量选择和参数优化的FTIR模型、基于同时变量选择和参数优化的LIBS模型、基于同时变量选择和参数优化的初级数据融合，以及基于变量选择和参数优化的高级数据融合模型)获得的预测值和参考值之间的差异。从图5－13可以看出，数据都是随机分布的。此外，数据的离散度与表5－5和表5－7中的$RMSE_P$和ARE值一致。值得注意的是，并非所有样本的最优结果都由具有最优R_{P^2}、$RMSE_P$和ARE的模型获得。

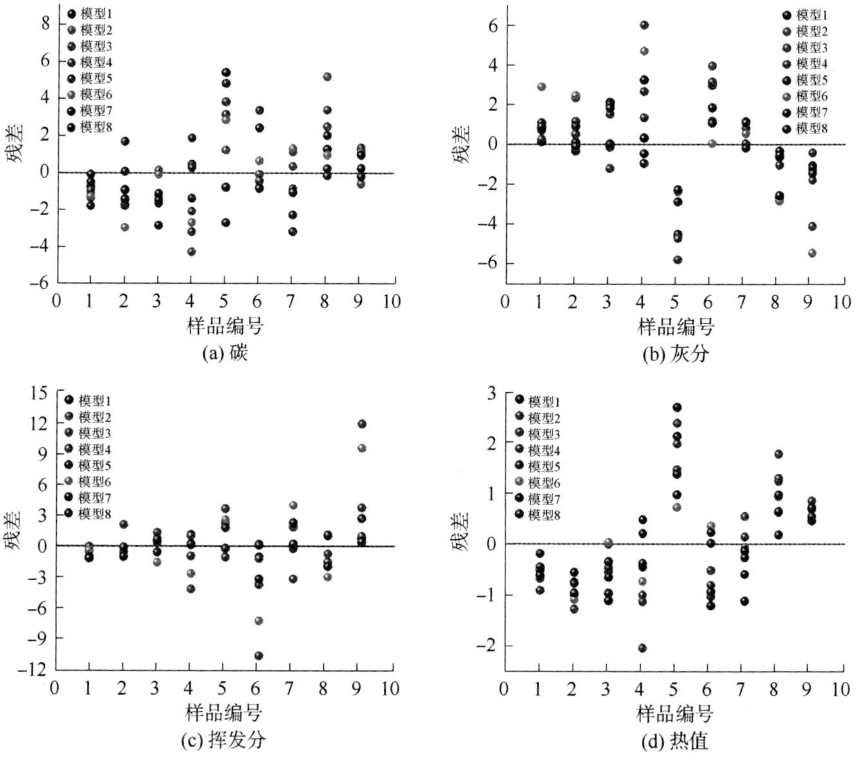

图5－13　4种煤质指标的残差图

注：模型1～8分别代表FTIR模型、LIBS模型、初级数据融合模型、高级数据融合模型、基于同时变量选择和参数优化的FTIR模型、基于同时变量选择和参数优化的LIBS模型、基于同时变量选择和参数优化的初级数据融合，以及基于变量选择和参数优化的高级数据融合模型。

以上研究表明，FTIR、LIBS及两种技术的融合结合KELM在碳、灰分、挥发分和热值预测方面具有较大的应用潜力。基于MPA的KELM模型输入变量和参数同时优化方法，使模型输入变量的数量减少到原始光谱的6%左右，同时还进一步提高了校正模型的预测性能。对于碳、灰分和热值，基于MPA同时参数优化和变量选择的高级数据融合模型获得了最小的预测误差。而对于挥发分，基于MPA同时进行参数优化和变量选择的高级数据融合模型获得了最优的交叉验证结果，但预测结果略差于基于MPA同时进行参数优化和变量选择的FTIR模型。总的来说，FTIR和LIBS在煤质分析方面存在协同作用，基于FTIR和LIBS的高级数据融合是一种很有前途的煤质快速分析方法；而基于MPA的模型参数和输入变量同时优化方法可以有效地提高校正模型的预测性能。值得注意的是，目前没有一种模型可以成功地预测所有煤质指标，且并非所有样本的最优结果都由最优模型获得，需在今后的工作中进一步研究。

参考文献

[1]Sheta S, Afgan M S, Hou Z Y, et al. Coal analysis by laser - induced breakdown spectroscopy: A tutorial review[J]. Journal of Analytical Atomic Spectrometry, 2019, 34(6): 1047 - 1082.

[2]Zhao Y, Zhang L, Zhao S X, et al. Review of methodological and experimental LIBS techniques for coal analysis and their application in power plants in China[J]. Frontiers of Physics, 2016, 11(6): 114211.

[3]郑建平，陆继东，姚顺春，等. 激光诱导击穿光谱技术应用于煤质分析的研究综述[J]. 广东电力，2012，25(10)：13 - 17，21.

[4]Siesler H W, Ozaki Y, Kawata S. Near - infrared spectroscopy: principles, instruments, applications[M]. New Jersey: John Wiley & Sons, 2008.

[5] Smith B C. Fundamentals of Fourier transform infrared spectroscopy [M]. Florida: CRC press, 2011.

[6]Faix O. Methods in lignin chemistry[M]. Berlin: Springer - Verlag, 1992.

[7]Wang Y S, Yang M, Wei G, et al. Improved PLS regression based on SVM classification for rapid analysis of coal properties by near - infrared reflectance spectroscopy[J]. Sensors and Actuators

B: Chemical, 2014, 193: 723 - 729.

[8] Gómez Y R, Hernández R C, Guerrero J E, et al. FTIR - PAS coupled to partial least squares for prediction of ash content, volatile matter, fixed carbon and calorific value of coal[J]. Fuel, 2018, 226: 536 - 544.

[9] Xiao F Y. Multi - sensor data fusion based on the belief divergence measure of evidences and the belief entropy[J]. Information Fusion, 2019, 46: 23 - 32.

[10] Smilde A K, Måge I, Næs T, et al. Common and distinct components in data fusion[J]. Journal of Chemometrics, 2017, 31(7): e2900.

[11] Yokoya N, Grohnfeldt C, Chanussot J. Hyperspectral and multispectral data fusion: A comparative review of the recent literature[J]. IEEE Geoscience and Remote Sensing Magazine, 2017, 5(2): 29 - 56.

[12] Prochazka D, Mazura M, Samek O, et al. Combination of laser - induced breakdown spectroscopy and Raman spectroscopy for multivariate classification of bacteria[J]. Spectrochimica Acta part B: Atomic spectroscopy, 2018, 139: 6 - 12.

[13] Gamela R R, Costa V C, Sperança M A, et al. Laser - induced breakdown spectroscopy(LIBS) and wavelength dispersive X - ray fluorescence(WDXRF) data fusion to predict the concentration of K, Mg and P in bean seed samples[J]. Food Research International, 2020, 132: 109037.

[14] Xu X B, Du C W, Ma F, et al. Detection of soil organic matter from laser - induced breakdown spectroscopy(LIBS) and mid - infrared spectroscopy(FTIR - ATR) coupled with multivariate techniques[J]. Geoderma, 2019, 355: 113905.

[15] Qin H Q, Lu Z M, Yao S C, et al. Combining laser - induced breakdown spectroscopy and Fourier - transform infrared spectroscopy for the analysis of coal properties[J]. Journal of Analytical Atomic Spectrometry, 2019, 34(2): 347 - 355.

[16] Geng W H, Nakajima T, Takanashi H, et al. Analysis of carboxyl group in coal and coal aromaticity by Fourier transform infrared(FT - IR) spectrometry[J]. Fuel, 2009, 88(1): 139 - 144.

[17] Painter P C, Snyder R W, Starsinic M, et al. Concerning the application of FT - IR to the study of coal: a critical assessment of band assignments and the application of spectral analysis programs[J]. Applied Spectroscopy, 1981, 35(5): 475 - 485.

[18] Beekes M, Lasch P, Naumann D. Analytical applications of Fourier transform - infrared(FT - IR) spectroscopy in microbiology and prion research[J]. Veterinary Microbiology, 2007, 123

(4): 305 - 319.

[19] Mink J, Keresztury G. FT - IR emission spectroscopy and its applications[J]. Applied Spectroscopy, 1993, 47(9): 1446 - 1451.

[20] Boskey A L, Pleshko N, Doty S B, et al. Applications of Fourier transform infrared (FT - IR) microscopy to the study of mineralization in bone and cartilage[J]. Cells and Materials, 1992, 2(3): 209 - 220.

[21] Movasaghi Z, Rehman S, ur Rehman D I. Fourier transform infrared (FTIR) spectroscopy of biological tissues[J]. Applied Spectroscopy Reviews, 2008, 43(2): 134 - 179.

[22] Madejová J. FTIR techniques in clay mineral studies[J]. Vibrational Spectroscopy, 2003, 31(1): 1 - 10.

[23] Larraín M, Guesalaga A R, Agosín E. A multipurpose portable instrument for determining ripeness in wine grapes using NIR spectroscopy[J]. IEEE Transactions on Instrumentation and Measurement, 2008, 57(2): 294 - 302.

[24] Gomez C, Rossel R A V, McBratney A B. Soil organic carbon prediction by hyperspectral remote sensing and field vis - NIR spectroscopy: An Australian case study[J]. Geoderma, 2008, 146(3 - 4): 403 - 411.

[25] Einbu A, Ciftja A F, Grimstvedt A, et al. Online analysis of amine concentration and CO_2 loading in MEA solutions by ATR - FTIR spectroscopy[J]. Energy Procedia, 2012, 23: 55 - 63.

[26] Kadam S S, Mesbah A, Van der Windt E, et al. Rapid online calibration for ATR - FTIR spectroscopy during batch crystallization of ammonium sulphate in a semi - industrial scale crystallizer[J]. Chemical Engineering Research and Design, 2011, 89(7): 995 - 1005.

[27] Sánchez A, Eddings E, Mondragón F. Fourier Transform Infrared (FTIR) online monitoring of NO, N_2O, and CO_2 during oxygen - enriched combustion of carbonaceous materials[J]. Energy&Fuels, 2010, 24(9): 4849 - 4853.

[28] Roussel S, Bellon - Maurel V, Roger J M, et al. Authenticating white grape must variety with classification models based on aroma sensors, FT - IR and UV spectrometry[J]. Journal of Food Engineering, 2003, 60(4): 407 - 419.

[29] Moro M K, Neto Á C, Lacerda Jr V, et al. FTIR, 1H and 13C NMR data fusion to predict crude oils properties[J]. Fuel, 2020, 263: 116721.

[30] Cover T M, Thomas J A. Entropy, relative entropy and mutual information[J]. Elements of Infor-

mation Theory, 1991, 2: 1 – 55.

[31] Peng H C, Long F H, Ding C. Feature selection based on mutual information criteria of max – dependency, max – relevance, and min – redundancy[J]. IEEE Transactions on Pattern Analysis and Machine Intelligence, 2005, 27(8): 1226 – 1238.

[32] Estévez P A, Tesmer M, Perez C A, et al. Normalized mutual information feature selection[J]. IEEE Transactions on Neural Networks, 2009, 20(2): 189 – 201.

[33] Vergara J R, Estévez P A. A review of feature selection methods based on mutual information[J]. Neural Computing and Applications, 2014, 24(1): 175 – 186.

[34] Bennasar M, Hicks Y, Setchi R. Feature selection using joint mutual information maximisation[J]. Expert Systems with Applications, 2015, 42(22): 8520 – 8532.

[35] Lin S W, Ying K C, Chen S C, et al. Particle swarm optimization for parameter determination and feature selection of support vector machines[J]. Expert System Application, 2008, 35: 1817 – 1824.

[36] Zhao M Y, Fu C, Ji L P, et al. Feature selection and parameter optimization for support vector machines: A new approach based on genetic algorithm with feature chromosomes[J]. Expert System Application, 2011, 38: 5197 – 5204.

[37] Faramarzi A, Heidarinejad M, Mirjalili S, et al. Marine Predators Algorithm: A nature – inspired metaheuristic[J]. Expert System Application, 2020, 152: 113377.

[38] Elaziz M A, Thanikanti S B, Ibrahim I A, et al. Enhanced marine predators algorithm for identifying static and dynamic photovoltaic models parameters[J]. Energ Convers Manage, 2021, 236: 113971.

[39] Abdel – Basset M, Mohamed R, Elhoseny M, et al. Energy – aware marine predators algorithm for task scheduling in IoT – based fog computing applications[J]. IEEE Transactions on Industrial Informatics, 2020, 17: 5068 – 5076.

[40] Al – qaness M A A, Ewees A A, Fan H, et al. Marine predators algorithm for forecasting confirmed cases of COVID – 19 in Italy, USA, Iran and Korea[J]. International Journal of Environmental Research and Public Health, 2020, 17: 3520.

[41] Sahlol A T, Yousri D, Ewees A A, et al. COVID – 19 image classification using deep features and fractional – order marine predators algorithm[J]. Scientific Reports, 2020, 10: 1 – 15.

[42] Chen X, Qi X L, Wang Z Y, et al. Fault diagnosis of rolling bearing using marine predators al-

gorithm – based support vector machine and topology learning and out – of – sample embedding[J]. Measurement, 2021, 2176: 109116.

[43] Elaziz1 M A, Ewees A A, Yousri D, et al. Modified marine predators algorithm for feature selection: case study metabolomics[J]. Knowledge and Information Systems, 2022, 64: 261 – 287.